有毒同事

累死你的不是工作，是

Jerks at Work

Toxic Coworkers and What to Do About Them

Tessa West
泰莎・韋斯特——著
馮郁庭——譯

不當炮灰不通靈，拒絕忍者過勞、遠離辦公室戲精的職場求生術

目錄
Contents

引言

「如果月底前我沒有讓銷售業績翻倍，莎夏肯定會狠狠修理我一頓。她剛剛還在我們團隊面前，說了她對我有多麼失望。」安妮在酒吧裡一邊喝著店家優惠的調酒，一邊跟前同事卡爾文聊著過去兩個月發生的事情。

安妮進這間公司之後，沒過多久老闆大衛就去亞洲處理供應鏈的問題，長時間都沒辦法進紐約的辦公室，因為事發突然，也沒什麼時間找代理人選，他就讓莎夏暫時主掌公司事務。

雖然莎夏沒有厲害到事事精通，但公司很多事務她都能勝任。莎夏在紐約辦公室工作了十年，對於公司的大小事都瞭若指掌。公司裡很少人能像她一樣，清楚知道該派哪位業務與客戶共進晚餐，也熟知電梯故障時的處理方式。

不過，她也是個對錢特別精明的主管，任何有可能增加公司成本的細節都不放過，她會花好幾個小時仔細研究預算表，這裡刪一點、那裡減一點。同事紛紛抱怨起她大刀一揮，就砍掉了公司購買雀巢膠囊咖啡機的預算，而大衛也不插手這件事，因為公司能多省下一些開支他當然也樂得開心。大衛在亞洲待得越久，莎夏就更全面地掌控公司大權，先是接管所有小規模預算決策，接著慢慢插手人員招聘及升遷等事務，最後連銷售團隊都不放過，把大家搞得人仰馬翻。

老闆讓莎夏掌握大權很有可能會因此毀了自己的公司，她會在團隊面前羞辱某位成員、也會插手任何瑣事，甚至會反覆地改變已經決策的事情，種種行為都讓工作團隊感到無所適從。開會時，莎夏的反應經常讓人難以捉摸，前一秒還笑著稱讚，下一秒就突然破口大罵，而且她身上總是散發著一股濃重的香水味，安妮只要和她共處一室超過十分鐘，就會感到頭痛不適。

以前因為有大衛監督著，莎夏表現得親切迷人，甚至幾近諂媚討好。她曾傳了一封電子郵件給安妮，寫道：「我很榮幸能與妳共事，相信我能從妳身上學到很多，希望能向妳看齊，我們可以每週安排一次培訓課程嗎？」但自從大衛不再要求莎夏每封郵件都要寄副本給他之後，安妮就沒有再收過這類信件了。

現在大衛已不在紐約辦公室，莎夏更是顯露出了她可怕的真面目。

莎夏就是那種職場上令人惱怒的恐怖人物，她會當眾指責安妮，藉此損害安妮的聲譽。安妮每週都會與她的銷售團隊開會，大約一個月後，她注意到莎夏都在會議結束前五分鐘偷偷溜進會議室。

「安妮，妳好啊！可以給我幾分鐘，讓我和妳的團隊聊聊嗎？」她怯怯地問道。

等安妮走遠聽不見了，莎夏就會質疑安妮所做的各種決定或是她提出的想法，還會直接在她的下屬面前貶低她的專業能力，她會說「我很了解那個客戶，比安妮厲害多了，他才不會接受這個提案」這類羞辱人的話，不僅如此，莎夏也會故意散佈種種和安妮有關的謠言和假消息，似乎是想藉此跟團隊拉攏關係。

更誇張的是，莎夏只因為想給安妮下馬威，就自行刪減了安妮的各種經費，把伙食津貼從每天四十五美元，調降到每天四十美元，但有時候莎夏也會突然增加經費，全都隨她高興。

莎夏十分傲慢，又有強烈的嫉妒心，深怕別人勝過自己，所以每個細節都要插手的情況越來越嚴重。每次安妮想自行做出某項決定，莎夏就會一再提醒她：「大衛要我監督公司的一切事務」。原本只是要微調的預算卻遭到大砍，現在安妮做起事來綁手綁腳，只要沒有經過莎夏同意，她就不能簽署銷售合約。

這樣的管理方式不免招致不滿，很多有關莎夏的流言蜚語紛紛出現，她變得越來越偏執，甚至把那些對她有異議的人通通開除了。她就像是個對人民失去控制力的獨裁者，大肆清除異己，只為了鞏固自己的權力。莎夏還曾把一群人叫到她的辦公室，直接將他們全都開除，大刀闊斧解僱了大批員工。雖然安妮向她的團隊成員保證會盡可能保護他們，但她其實也不太有把握自己是否真的保護得了他們。大家時時刻刻都處在緊張狀態，處處瀰漫著焦慮不安的氛圍阻礙了公司進步，就算交出了漂亮的銷售成績也不會像以往一樣大肆慶祝一番，中午更不可能有心情一同聚餐，只希望能順利撐過一天算一天。

很多同事都像卡爾文一樣趕緊跳槽了，他們不想繼續待在這樣水深火熱的職場環境，安妮則是選擇留下來，雖然想保持積極樂觀的心態面對這一切，但日子卻一天比一天難熬。

這段時間安妮曾多次試著聯繫大衛，但大衛可能忙於處理亞洲棘手的狀況，她大多數時候都只收到系統傳回的自動回覆郵件。終於，好不容易安妮排到了凌晨兩點能跟他開一場視訊會議，但大衛看起來疲憊不堪，原本已經到了嘴邊的重話也說不出口了，只能大致講了一下現在的情況。

大衛回應道：「我知道莎夏處理事情的手段比較強硬，但她真的為公司付出了很多。我現在只能盡可能讓妳不必和她接觸。」還說了些安慰鼓勵的話，要她堅持下去，等亞洲供應鏈的問題解決他就會馬上回去。

大多數人看到這裡，心中應該都會浮現「安妮到底在想什麼啊？怎麼還不辭職！」這樣的想法，以旁觀者的角度來看，安妮應該要跟卡爾文一樣，在莎夏掌權之後趁早溜之大吉。然而，這是安妮夢寐以求的公司，她沒辦法輕易放棄。每次快要撐不下去的時候，大衛都會告訴她，莎夏只是暫時代理，等他回去後情況就會好轉。安妮也是這樣不斷說服自己，再忍一下就過去了，而不願誠實面對自己，最終才落入這般境地。而且，安妮也不想去適應新工作，她只想安安穩穩地在一間公司待到退休。當初來面試時，面試官也有跟安妮保證她能在這間公司安穩做到退休，公司當然希望員工能待愈久愈好，好不容易培養出來的人才，他們也不想白白失去呀。

安妮真的把這番話聽進去了，她有什麼好不相信的呢？只是也因為這樣的深信不疑，使現在的她因為壓力大導致病痛纏身，身體每況愈下。她從去年起出現血壓飆升的問題，睡眠品質也變差，原本可以睡到八小時，現在都睡不到五小時就會醒來。安妮更是放棄了以前養成的良好飲食習慣，選擇熱狗和啤酒這類高熱量食物來紓壓。甚至連外表也出現了變化，髮量變得稀疏，眼部肌肉還會不由自主地抽動，只要一躺下就四肢發麻。安妮應該也有酗酒問題，但她還不願承認自己對酒精上癮。

酒保走了過來，安妮低頭看著桌上的櫻桃甜酒。這家黑暗、潮濕的廉價酒吧聚集了這一帶被工作壓得喘不過氣的上班族，他們只能無力地喝著悶酒，連聊天都提不起勁。現在安妮也變得如此意志消沉。

「安妮，坦白說。」卡爾文說道。「妳明明就是高級休閒服飾品牌的銷售協理，現在卻像個忙於制止鬥毆的獄警，在我看來就是如此，這對妳來說可不是個好現象。」

卡爾文跳槽後已經過了六個月，看上去容光煥發、神采奕奕，他跟這家酒吧裡的陰沉上班族就像分屬於不同世界。卡爾文現在去了與原本公司有競爭關係的公司工作，下午會一邊悠閒享用燕麥奶拿鐵，一邊與老闆分享瑜伽技巧。他渾身散發著優越氣息，讓安妮想起了大學時，有些人比較早考完期末考試，就會在圖書館前打排球，嘲弄圖書館裡拚命唸書的學生，表現出高人一等的姿態。

但他說得沒錯。

「妳還不明白嗎？」卡爾文繼續說道。「大衛可能還不一定知道公司有哪些員工，也沒辦法馬上說出去年的營收，但莎夏對這些事清清楚楚，沒人比莎夏更了解公司的各種細節，所以大衛非常依賴她，更不可能解僱她。莎夏肯定會一直留在那間公司。」

很多人都有過這種經驗，在職場上受了同事或主管的氣，進而影響自己的身心健康。面對這種情況，我們可能會跟朋友吐苦水、減少工作場合非必要的社交，或是跟其他同事抱怨，希望自己的心聲能藉此傳到老闆的耳裡。

有些比較意氣用事的人會直接跟對方起正面衝突，但你的逆耳忠言可能讓對方掛不住面子，反而讓彼此摩擦愈演愈烈，最後往往兩敗俱傷。正面迎戰不見得會得到你想要的結果，還有可能因此被打壓得更加嚴重，而且老闆通常無暇或無力處理這些瑣碎的人事關係，或是對方是老闆的得力助手，老闆根本不敢拿他們怎麼樣，所以你也求助無門。有些人則是非常害怕在職場上與人起衝突，光是想到衝突就會緊張到雙腿發軟。

如果直接與對方攤牌了還是溝通無果，那就只能盡量避開接觸了。我曾任職於上下班時間較為彈性的公司，我會特別錯開那些討人厭同事的上班時間，減少與他們碰面的機會，雖然會犧牲自己一點睡眠時間，但至少能換得幾小時的內心清淨。

我相信不只有我會這麼做。

幸好現在大家有機會不再只能被動閃避，而是能主動出擊脫離職場混蛋的魔掌，也不用再因為工作遇到的各種鳥事，把自己的生活搞得一團糟。本書能讓讀者了解那些在職場上引發不良行為者的動機，並運用研究資料提出有效的策略，讓你得以在這些頭痛人物把你的精力消耗殆盡前，採取強而有力的行動。

我本身是社會心理學家，擁有研究人際溝通交流將近二十年的經驗，歸納出了一些談判協商和團隊合作技巧，以及能幫助你有效爭辯並脫離苦海的策略。在我的研究過程中，針對人際互動所引發的壓力進行測量，發現這種源自人際互動問題的壓力實在不容小覷，不僅會嚴重影響個人的身心狀態，還很容易就在無意之中傳遞給他人。

如果沒有好好處理職場上的人際衝突，累積的怨氣也會逐漸影響到生活的各層面，有些人會把壓力帶回家，波及身旁的伴侶和小孩，破壞家庭親子關係的和諧。因此，我希望能借助社會科學的方法提出衝突的應對管理技巧，助你妥善處理職場糾紛。無論是初入職場的新人菜鳥，還是經驗老道的高階主管都能受用。

如何閱讀這本書

面對職場上令人崩潰的同事和主管，只有知己知彼才能百戰不殆。也就是說，得先了解這些頭痛人物到底在想什麼、他們這麼做的原因、怎麼挑選欺負的對象、為何能不受約束並仗勢欺人，以及有沒有幕後使者在暗地裡獲得了好處？

本書歸納整理出了職場上常見的七種頭痛人物，好讓你分析自己遇到的是哪種類型的人物。

職場混蛋
媚上欺下討厭鬼
功勞小偷
搭便車慣犯
職場惡霸
什麼都要管大師
搞不清楚狀況老闆
職場心理操縱慣犯

媚上欺下討厭鬼

這種人一心想往上爬，會為了上位而不擇手段，對上司阿諛奉承，但對著下屬或者同事就百般刁難。

功勞小偷

職場上愛搶功勞的人很多，不過通常難以在事前察覺到蛛絲馬跡，因為這些人往往是身邊很受人信任的同事或職場導師，大家平時就像朋友般親近友好，然而很多時候同事看似好心相助，但其實只是想分一杯羹；大家一起努力完成了大案子，卻被別人拿去跟老闆邀功；以為主管想好好栽培你才委以重任，卻總是將你嘔心瀝血做出來的成果一手拿走。

搭便車慣犯

職場上總會有那種想要不勞而獲的人，只會白白坐享他人努力種下的成果。他們善做表面功夫，老闆在的時候表現得特別努力，其他時候則是混水摸魚，事情都選輕鬆的做。如果團隊之中大多數的人都很有責任心，願意為團隊的榮譽盡心盡力地完成工作，這時候就很容易出現這種坐享其成之人。

職場惡霸

通常是資深員工，他們擁有豐富的經驗、人脈和內幕情報，因此天不怕地不怕，在很多時候甚至連老闆都管不了。他們會略過上級向更高層的管理者展示個人能力，期望獲得賞識以獲得更多權力，然後仗著自己有靠山，就越級掌控公司的各種決策。跟這種人一起工作，最麻煩的地方在於凡事都要按照他們的意願行事。

什麼都要管大師

這種主管會插手下屬的所有工作細節，而這樣緊迫盯人的管理方式不僅讓人很有壓迫感，還會讓人覺得不被充分尊重及授權。這類主管之所以會這麼做，有些是因為以前是負責你現在這個職位的工作，而現在還放不了手交出權責；有些則是認為這種管理方式能讓部屬的工作績效更好。不過，他們也沒辦法緊盯每一個人，所以通常會一個個輪流追蹤，沒有輪到你的時候，幾天甚至幾週沒有跟你講上一句話都是有可能的。

搞不清楚狀況老闆

不少人都有在職場被上司無視的經驗，有些是因為上司不善於管理時間，自己忙得暈頭轉向沒空理你，或是他們只會提拔重視自己的心腹。這種主管或老闆平時很少與你接觸，卻總在最後時刻跳出來給你一堆意見，那種事情無法由我們自己掌控的感覺往往讓人備感焦慮。

職場心理操縱慣犯

這種人會透過操縱、欺騙以及控制等手法讓被害者質疑自己面對的現實情況與自我價值，失去對現實的評判能力。有些加害者會時不時給受害者一點甜頭，讓受害者覺得自己特別受青睞，不但不會覺得遭到操控，反而覺得是自己心甘情願；有些則是會一步步孤立受害者，脅迫他們違背良心幫自己做些不道德的行為，藉此掩蓋某些真相，或是達成自己的目的。

以上章節並不連貫，都可以分開閱讀。讀者可以依照自己遇到的情況，參考前述內容，直接跳到你想了解的類型章節閱讀，不過，我在講某一種類型的人物時，偶爾也會提到別種類型，所以照順序讀每個章節可能會更好，能更清楚了解他們的相似和相異之處，而且很多策略其實都是通用的，不是只能針對某一種人。

希望本書能成為你的職場自救指南，每次工作上遇到什麼惱人情況，理智線瀕臨斷裂邊緣時，都可以再回頭翻翻這本書。職場新鮮人和職場老鳥讀起來肯定有不同體悟，多年之後等你有了更豐富的經驗，屆時可以重讀一遍，伴隨著閱歷和心境的不同，而有許多不同的收穫與新的理解。

破除職場混蛋的迷思

我聽過太多有關與職場混蛋相處的迷思與誤解，很多人因此被誤導，讓他們沒辦法真正地去面對核心問題，所以我們得先來揪出這些阻礙你前進的錯誤觀念。

錯誤觀念一：工作經驗不足的人才會深陷這些問題之中。

很多來找我諮詢的人都已踏入職場多年，他們都覺得自己這樣很沒面子，已經在職場打滾這麼多年了，卻還是處理不好這些人際關係的問題。很多資深員工都只是「做得久」，並不代表他們就一定很擅長處理這些人際問題。

無論學歷背景有多好、資歷有多深，還是不免會遇到這些問題，因為化解衝突的能力並不一定與投入職場的時間成正比。

職場人際關係不僅影響個人職涯的成敗，也相當程度地影響公司的發展。然而很多公司並不重視這部分，領導和管理培訓課程大多都只著重討論哪些事情該做、哪些不該做，幾乎不會把重點放在人際關係這門複雜的學問，也沒有教我們如何處理人際衝突，所以大多數人其實都欠缺了經營職場人際關係的基本常識。

不過，從現在開始學習，便是改變的開始，一點也不嫌晚。

錯誤觀念二：職場小人都是那些沒本事的人

「鮑勃自己工作能力差，出於眼紅才會這樣折磨我。」

我經常聽到這樣的說法，靠著貶低或詆毀對方來讓自己好過一點，認為對方是因為能力不好，所以嫉妒心作祟而故意刁難。但這樣的想法很有可能變成自我安慰的鴕鳥心態，並不能真正解決問題。況且，這些職場小人其實還是有他們的厲害之處，只是用錯了地方。

職場小人大多都有高明的交際手腕，很懂得如何經營人脈，若是小看了他們，最後吃虧的往往是自己。希望本書能幫助你不再用貶低對方的方式來安慰自己，而是藉由了解他們的思路來以智取勝。

錯誤觀念三：上司對於部屬之間發生衝突毫不在意，所以放任不管。

很多時候並不是因為上司不在意或不想管，而是他們不具備處理部屬間人際衝突的能力，即使他們有心想化解衝突，也不知道從何著手。對許多主管而言，常常是因為工作表現優異，進而被提拔到主管職務，但這不代表他們就已經具備領導能力。

有時候則是因為上司自己有很多工作要做，實在忙不過來，對於他們來說，這些小事你就自行解決吧，他們還有一大堆更需要優先處理的事務。抱著多一事不如少一事的心態，就當作沒事發生，非到必要關頭不會出手介入。一旦主管表現出這樣的態度，工作團隊裡就會出現很多擺爛的人，因為他們知道那些工作能力好的人除了自己份內的事做好之外，連同他們的份也會照單全收。常常變成盡職盡責的員工明明自己做了好多工作，最後老闆獎勵的卻是其他人。

還有些職場小人深受老闆信任，他們平時下了很多功夫對老闆奉承討好，所以深受愛戴，說話也很有份量，出現人事衝突時老闆會認為由他們來溝通處理就好。莎夏就是這樣掌握了大權，靠著平時的累積而深受器重，在老闆暫時離開崗位的這段時間，公司變成了她的主場，老闆放手讓她全權處理，就算她快把公司毀了也沒人管得了她。

我們容易將問題歸咎於老闆或上司放任不管，但這也不是解決之道。透過本書，我希望能讓大家不再沉溺於指責怪罪他人的受害者情緒中，而是去思考管理階層的人為什麼會這麼做，他們可能一直採取錯誤的管理方式而不自知，或是當初也是這樣被這樣對待一路走上來，還有些是本身就缺乏溝通協調能力。藉由理解老闆或上司行事風格背後的考量因素，學會換位思考，更能幫助自己獲得信任與青睞，他們也會在你遇到衝突時出手相救。

過去總是要想盡辦法避不見面，刻意錯開上班時刻，或是怕在電梯裡遇到對方而寧願爬樓梯，明明不是你做錯事，卻表現出如此畏畏縮縮的心虛模樣，讀完本書後就不必再過這種日子了。希望大家能從中學到一些與職場惡人打交道的技巧，也能讓你在面對衝突時更有底氣。如果能事先預測對方的行為並擬定策略，問題就會變得好解決很多，也比較不會感到焦慮無助。

根據我多年研究人際互動的觀察，我了解到一件很重要的事：如果沒有掌握經營人際關係與溝通的技巧，我們永遠不可能從各種職場人際困境中脫身。

也就是說，工作中難免有衝突，只要好好溝通處理，是有機會可以化敵為友，並與對方建立更牢固的關係。我很希望大家不要落得和安妮一樣的下場，工作做得不開心時，不是只有繼續忍耐或辭職走人這兩種選項，你其實還有別的選擇，平時維繫好自己在職場的人際關係，必要時也能適時尋求他人協助，讓你可以在職場上過得更加如魚得水。

聰明的人會選擇多交盟友，與同事之間的關係經營得好，在職場上肯定是有正面的幫助。即使你現在結交的盟友只是身邊的平輩同事也沒關係，他們還是有機會能幫助你往上拓展人際資源。我認為除了往下深耕已經建立起的關係，更要往外拓展人脈網的廣度，這些沒有很親密但範圍較廣的連結，會是一群必要時最有可能幫上你忙的人。

對於已經被孤立或是剛入職場的人來說，經營自己的職場人脈或許沒那麼容易，我也會針對這方面提供一些建議。研究調查指出，有百分之七十的受訪者表示，他們在工作中感到愉快，最主要是因為在職場上擁有好朋友。但在你有難時，一旦牽扯到工作績效與個人發展，你那些所謂的職場「好朋友」通常也幫不了你。

有些人看到這裡或許有點心虛，不禁想到自己曾有過前面提到的惡劣行徑，那也沒有關係，放心讀下去吧，絕對會讓你有意想不到的收穫。說實在的，人性本來就有自私善妒的一面，我們內心深處多多少少會有些邪惡貪婪的念頭，這都是很正常的。其實在我決定寫這本書的那天，我一不小心也成了一個討人厭的職場混蛋。

那時我剛經歷了一連串煩心事，終於有時間喘口氣，我搭地鐵去紐約皇后區參加孩子生日派對的途中，喝著罐裝的玫瑰粉紅酒，我刻意買了罐裝的，讓人覺得我是在喝高級氣泡水，而不是在地鐵上大口喝酒。我邊喝邊思索著。

過去一週並不好過。

我當時得負責辦公室搬遷這項大工程，我們公司幾十年來都沒有換過地點或翻新過，而這次也只是要搬到同棟大樓的不同樓層。

我和同事喬恩花了幾個月的時間來回討論搬遷計畫，終於準備好跟大家報告之後的各種流程安排。大約有一半的同事親自出席會議，其餘八人左右則是以視訊方式參與，他們的臉尷尬地填滿螢幕畫面（這是疫情前發生的事，所以大家都還沒掌握視訊會議的訣竅）。

我們知道同事們多少會有些惴惴不安，為了消除大家的疑慮，我們在計畫書中詳細列出了辦公室搬遷會如何改善大家的工作環境，空間更寬敞舒適，採光和照明都有所提升。大家不是都很困擾，桌上總會堆滿天花板掉落的煙塵汙垢？以後也不會有這種問題了。

然而，根本沒有人關心這份計畫書。

大部分的人從一開始就不懂為什麼辦公室要搬遷，他們不太參與搬遷計畫，也有些人是因為計畫經歷過太多次改動，而開始感到慌亂不安，隨之而來的憤怒之下隱藏著恐懼。有人甚至在視訊鏡頭前喊道：「我們為什麼要換辦公室？我喜歡原本的地方！」彷彿來自深淵的絕望吶喊。

面對大家的反對，我渾身的刺都豎起來了，一心只想堅持照計畫進行，而不去管任何人的感受。內心想著枉費我花了如此多心思規劃，結果還飽受質疑，真是吃力不討好。最後我氣憤地離開了會議。

我邊喝著粉紅酒，花了些時間反思自己的行為。我發現自己在無意中成了職場惡霸，僅因為自己投注好幾個月的心力在搬遷計畫上，就硬要求別人都要按照自己的計畫行事。雖然沒有直接叫大家閉嘴，但我確實表現出了這樣的態度。

我一心想完成眼前的任務力求表現，卻因此變得目光短淺，只注意自己的計畫是否能順利進行，而沒有站在同事的立場思考，並設身處地的為他們著想，很多同事都在這個環境工作了十年，甚至二十年，突然要他們換環境難免會產生抗拒。

換環境也存在著很大的不確定性，他們無法預知未來每天的工作環境會變成什麼模樣，原本同事之間已經發展出一套辦公室相處模式，知道怎麼盡量避開跟自己不對盤的人，但搬到新辦公室之後可能又要重新摸索，這種自己無法掌控且充滿不確定性的事情，對他們而言實在是一大折磨。

幸好我有意識到自己的惡霸行徑，還有機會用本書會介紹到的一些策略進行補救，因為這些事而鬧僵的同事關係也能及時修復。我慢慢開始願意多聆聽大家的想法，給予所有人發表意見的機會，並盡可能了解他們最擔心遇到的問題。我們讓每個人參與未來會對他們產生影響的重要決策，決策權不再只掌握在某個人手上。如此一來，藉由讓大家參與規劃自己未來的工作環境，大大減輕了對於未知和改變的恐懼感。在這個過程中，很多重大決策都是以投票表決，希望能透過公平的決策機制讓大家心服口服。雖然這種方式需要花更多時間，也很考驗耐心，但能讓搬遷進行得更加順利也值得了，最後大家都很滿意新的辦公空間。

當時我坐在地鐵上喝著粉紅酒，那次如噩夢般的會議還歷歷在目，而我不想再糾結在這些懊悔的情緒之中，趕緊從包包裡翻出紙筆，下定決心開始寫這本書。還記得我下筆時，身旁坐著一個穿得像貓王一樣浮誇的男人，正在聽著皇后合唱團的搖滾樂曲。

第一章
媚上欺下討厭鬼

第一次見到戴夫是在一場非正式的面談中，我的上司瑪麗邀請他共進午餐。我當時在一家高檔百貨公司工作，而戴夫剛從其他分店調來我們這裡支援。戴夫身材高挑、時尚有型，有著一頭濃密的頭髮，一口整齊俐落的鬍子。聽說他銷售技巧高超，在之前那家店賣出了非常多雙鞋，公司還因為他的優異表現而送了他一部車。

通常在這種面談中，大多數的部屬都會想盡辦法表現，期許讓上司留下好印象。然而，這天的狀況正好相反，瑪麗被戴夫迷得神魂顛倒，完全沒有問他與工作相關的問題，反而是讚美的話語連珠似的沒完沒了。

瑪麗滔滔不絕地說：「休士頓分店的人都對你讚不絕口。」戴夫則故作謙虛地回道：「絕對不是我一個人的功勞，因為我們的職場文化很重視團隊合作，能有這樣的成績都要歸功於整個團隊的貢獻。」

後來瑪麗要我和另外兩個銷售人員約戴夫一起去吃飯，我們去了一家好吃的義大利餐廳，餐廳空間真的很小，小到裡面只容得下六個人用餐，餐廳安排我們坐的四人桌小得像張兩人桌，我們也沒得選，只能硬著頭皮擠進這張小桌子。此時，戴夫搶先入坐，緊接著將旁邊那套餐具推到另一側，迫使我們三個人只能坐在戴夫對面，就如合議庭上三位法官坐成一排那樣，只是我們坐得比法官擁擠多了。「我想跟你們對坐，這樣說話時才能看著你們。」戴夫微笑著說。他的雙手和雙腳都能自在地舒展開來，我卻要擠在兩個男人中間，盡力縮著身體。更惱人的是，因為我是左撇子，深怕自己會干擾到旁邊的人用餐，根本沒辦法好好放鬆吃飯。

用餐的一開始大家都與戴夫聊得還算愉快，每個人都想聽聽他以前的豐功偉業，以及他是如何頻創銷售佳績。聊到後來，我們漸漸不再說些恭維的話，只想跟他像朋友一樣相處，此時的戴夫就像變了一個人，講話尖酸刻薄、傲慢無禮。就因為他曾在納帕（Napa）參加過為期三週的侍酒師課程，就大肆質疑餐廳真正專業的侍酒師，還因為甜點匙不是他想要的尺寸而多次要求更換。

在戴夫正式上班的第一天，戴夫在分店經理面前都會表現得讓人倍感親切，有自信卻不傲慢，並且會耐心地指導銷售新人如何讓顧客在原定的消費外，還能乘勝追擊，鼓勵他們購買其他更高價的同類商品。不過當分店經理前腳一走，戴夫的表現就完全是另一回事了。

有次我無意間聽到他對某人說：「真搞不懂泰莎怎麼連鞋拔都用不好。」他總會暗地裡說些令人無比難堪的話。

戴夫後來更是變本加厲，他不僅會去搶別人的業績，還擅自調動儲藏室裡鞋子的順序（他堅稱休士頓分店都是這樣擺放），讓其他人找不到顧客要的鞋子。我們一致認為他把最常有人試穿到的鞋子尺碼都藏了起來，故意讓我們沒辦法做生意。

我們這一行如果有人業績特別好，消息就會不脛而走。有次我去跟瑪麗報告這個月的業績狀況，我都還來不及開口，她就興高采烈地對我說：「戴夫真的太棒了！不僅銷售能力強，對同事們也讚不絕口，說自己很高興能在這個團隊一起努力。」瑪麗一直以來具備了一雙火眼金睛，對於那些喜歡惹事生非和搶人業績的人都能一眼識破，但她這次完全被蒙在鼓裡。在她眼裡，戴夫是如此的完美，既擅長與顧客打交道，又與同事相處融洽。

戴夫的行為就是典型的媚上欺下，在分店經理面前總是表現地平易近人且機靈聰明，而且他的銷售業績也是名列前茅，不可否認他確實有兩把刷子。然而，私底下卻會為了搶同事業績而不擇手段，我就是因為被戴夫言語諷刺又搶走業績後產生許多挫折感，可那些主管卻都不知道他的真實面目。

我認為我必須有所行動。

贏者全拿

像戴夫這樣媚上欺下的人基本上都很渴望在職業生涯攀到頂峰，所以他們特別會在上司面前表現自己，對同事和下屬則是充滿敵意，並且為了達到目不擇手段。

有種人格特質我們稱之為「社會比較傾向」（Social Comparison Orientation），讓我們容易透過與別人進行比較來評估自我價值。有些比較心態是人之常情，我還在做百貨銷售時，總在心裡暗自與戴夫較勁。我也在社群媒體追蹤高中同學的帳號，想看看他們現在是不是過得比我好。不過，我通常會對自己的比較心態有所警覺，當自己生活中的成就感都來自於比較時，那就是危險的訊號。

雖然每個人或多或少都有這種較量的傾向，但有些人特別嚴重，容易沉浸在比較之後獲得的優越感裡不能自拔，如果是在職場上遇到這種人，同事之間存在著不可避免的競爭關係，他們對你所產生的敵意也會更加強烈。小心別透露太多自己的事，如果被人抓住了把柄，他們可是會無所不用其極地傷害你，好讓自己可以得到更多機會出頭。戴夫就是這種人，在同事面前質疑我的工作能力，或是跟上司毫不手軟地打小報告。

不過，戴夫的作法也不能吃定所有人，我們有個同事JW就是戴夫惹不起的狠角色，JW的銷售表現極為出色，他完全無法忍受有人在背地裡搞小動作，更不是忍氣吞聲那一型，戴夫如果真的惹到了這種不該惹的人，可是會吃不完兜著走。

戴夫也很聰明，他不會去找這種人麻煩。

他們除了會討好上司、欺負同事之外，還很懂得察言觀色。戴夫會在銷售會議上仔細觀察大家的權力地位，誰坐在主管的身邊、誰說話沒人敢打斷、誰對誰微笑，而又是誰主導了會議的方向，他全都看在眼裡。同事們一致認為他對於身分地位有一定的敏銳度，所以才能一下就弄清楚每個人的權力關係，看出誰比較好欺負，聰明地避開地雷。

我和同事余思宇、蓋文・基爾達夫（Gavin Kilduff）做過一項實驗，找了一個我們不認識的工作團隊，用大約九十秒的時間觀察他們的工作情形，然後再依照自己感受到的地位高低進行排名。等大家都排好順序後，我們比對了自己的結果和實際情況，發現不是所有人都能列出正確的順序，有些人較接近正確答案，有些人則錯得離譜。一年後再測試一次，還是得出了同樣結果。也就是說，這種對身分地位的敏銳度並不是人人都具備的本領。

戴夫就具備了這種敏銳的觀察力，柿子挑軟的捏，當遇到ＪＷ這種不好惹的人，他則會識相地退避三舍。

如果發現同事有以下行為，就要特別提高警覺：

1. **喜歡在主管面前貶低你：**有意無意地質疑你的專業，比如：「你怎麼好像不太擅長跟客戶打交道呀？一副才來兩個月不到的樣子」。
2. **與你單獨相處時態度丕變：**私底下一堆小動作，像是偷藏鞋子卻打死不認。還會以高人一等的姿態對人頤氣指使、不顧你的意願硬拗你幫忙做事，或是故意誤導你犯錯。只要能讓你深陷水深火熱之中，他們什麼事都做得出來。
3. **愛對上司獻殷勤：**常常主動幫上司分憂解勞，把他們無暇處理的工作全都攬到自己身上，想藉這些機會表現自己。
4. **總會在工作之餘「巧遇」那些較有權勢的主管：**對於主管可能會出席哪個派對、上哪間健身房、看哪場足球賽、去哪間超市，他們都清清楚楚！希望能藉此和主管有多點接觸，他們諂媚討好的時機可不局限於工作場合。

他們為何選擇媚上欺下？

媚上欺下也不是件輕鬆的事，不僅要花很多時間做表面功夫，最後還有可能搞得自己裡外不是人，那他們為什麼還要這麼做？

美國人力資源顧問業者美世公司（Mercer）新出爐的調查顯示，百分之九十的高階主管表示未來幾年職場競爭會明顯加劇。經濟學家羅伯特・法蘭克（Robert Frank）也指出，諸如 Netflix 和高盛這類公司，他們高階主管和一般員工的薪酬水平差距極大，即使只是高一個位階也差非常多。現今職場上位子少、競爭多，大家都想從中脫穎而出，贏得上司的青睞，才能獲得更多的升遷及加薪機會。很多主管會用一些不合理的激勵機制，激起部屬的競爭意識，讓部屬之間陷入惡性的比較，所以他們才會為求表現而不擇手段。不過除了上述原因，也有些人是想藉由贏過別人來減輕工作壓力和焦慮。怎麼說呢？

戴夫就是這類人，需要藉由贏過別人來獲取自我價值感，競爭激烈的職場環境正合他們的意。雖然你可能很討厭職場上複雜的階層關係，不過信不信由你，有些人打從心底喜歡階級制度，位子越高，獎勵越多，如果一間公司執行長的薪資與基層員工差了五百倍以上，會讓他們更有動力往上爬。就算現在還是最底層的社畜，依然嚮往有朝一日能在階級制度中爬到頂層。比起在扁平化的組織結構中求個安穩，他們更喜歡面對充滿挑戰的職場環境，這也就是心理學所謂的社會優勢取向（Social Dominance Orientation）。

然而，多數時候都無法如我們所願，順順利利地爬上金字塔頂端，權力可能一夕之間就從我們手中消失。對於銷售這類行業來說，很多時候都會需要將員工調派至別的分店，而且這樣的狀況往往不容拒絕。特別是疫情爆發後，很多公司會暫停部分分店營業，員工調動的情形也更加頻繁。由於戴夫在休士頓分店早已惡名昭彰，所以他其實很高興能調到別的地方，但一切就只能砍掉重練，在新環境再次展開權力鬥爭，客源也得重新培養。

即便如此，像戴夫這樣的人也會很快地用盡一切手段，以鞏固自己在上司心中的地位，即使必須傷害別人也在所不惜。面對職場上的不確定性，他們希望自己能掌握些什麼，所以用這種方式增加自己的權力，藉此消除心中的不安和壓力。

遇到這樣的人，該怎麼辦？

非洲撒哈拉沙漠以南廣闊的草原上生活著許多野生動物，常為爭奪霸主地位而戰，每種動物追捕獵物的方式都不太一樣，有些動物擅長在夜晚靜悄悄地潛伏接近獵物，有些則會利用瞬間的爆發力，朝獵物飛奔而去。職場也是如此，就算同樣是媚上欺下這種類型的人，所使用的手段也不盡相同。

因此，我們得先了解他們的優勢與劣勢。

・搶得先機

我曾看過有人巧妙地將會議的主導權搶先掌握在自己手中，那是我第一次見到這種情況，當時我們要招募人才，我們這群招募負責人召開了第一次會議，走進會議室時，我看到桌上放著成堆的履歷表，旁邊擺著一盤快被掃光的餅乾。

沒人在意那堆履歷表，只自顧自地吃著餅乾。

大家有一搭沒一搭地閒聊，五分鐘後會議仍毫無進展，其中一位同事馬克開始坐立不安。「我們先來把這些應徵者資料按字母排序吧，我負責A到D，泰莎整理E到I，然後其他人依此類推看要負責哪一部分，這樣好嗎？」那一刻，馬克成為了會議室裡的主導者，沒有上演你爭我奪的場面，他就默默主導了會議的進行。

多年後，我和同事凱薩琳・索爾森（Katherine Thorson）、奧娜・杜米特魯（Oana Dumitru）進行一系列研究，希望能藉由實驗加以驗證我那次觀察到的情況。我們讓五個互不認識的受試者組成一組，請他們從中多位應徵者中選出一位適合的人選。我們其實有先暗中找過其中一位受試者，跟她說如果她能成功說服其他人選擇某一位應徵者（我們隨機選了一位給她），我們會給她額外的獎金，不過前提是她不能告訴任何人。

薩琳、奧娜和我原本都認為，要說服別人得先針鋒相對地爭論一番，然而經由研究證實，我們這樣的想法並不正確。實驗結果確確實實地驗證了幾年前那次會議我在馬克身上觀察到的情況。真正有說服力的人，會在一開始就清楚地表達他的想法，就算只是簡單地起個頭而已，只要是由某個人先開口，那個人就會變成這個群體的領導者。

教育領域常會談到「馬太效應」（Matthew Effect）一詞，指得是兒童如果愈早培養閱讀能力，成人後通常會比那些在閱讀方面落後的人發展得更好，因為閱讀困難會進一步造成學習其他科目的問題，差距只會愈來愈大。職場上也同樣有這種強者愈強、弱者恆弱的現象，如果能夠愈早掌握權力，往往會形成一種吸引更多機會的優勢，因此更容易獲得成功。

這種人通常不會一開始就顯露野心，而是會先從一些小地方著手，就連會議召集人這種吃力不討好的麻煩差事他們都願意擔下來，只為了替自己的未來鋪路。

•他們會事先調查自己與主管之間的共通點

如果是銷售業務性質的工作，通常會定期舉行會議，讓銷售員彼此交流銷售經驗，主管也會趁這個時候激勵整個銷售團隊來提振士氣。有些人很喜歡這種場合，但我個人是避之唯恐不及。我還在從事鞋品銷售時，公司每年都會舉行一次盛大的新品發布會，這時候買家、製造商代表、經理和銷售員都會齊聚一堂。

對戴夫來說這正是個表現自己的大好機會，因為他能夠趁機與平常較少見面的高階主管拉攏關係。

有一年發布會我比較晚到，為了不讓上司發現我遲到，所以我偷偷躲在了一個大型櫥窗後面，在我的視野中正好看到戴夫在跟分店經理聊天，他們倆笑得一臉燦爛，像是兩個高中生一起計畫著什麼惡作劇一樣。我實在太好奇了，所以偷偷溜過去偷聽他們的對話，聽到戴夫和經理居然在聊他們恰巧穿了同一個設計師品牌的牛仔褲！

戴夫應該早就計畫好了。

若能找到彼此的共通處而適時提出，對方可能感覺格外親切，對你留下好感。他們怎麼會這麼巧穿了同個設計師品牌的牛仔褲？戴夫肯定早有預謀，希望能藉此拉近與經理之間的距離。我和共同研究者喬．馬基（Joe Magee）曾做過一項實驗，將受試者人數分成兩半，分別請受試者進行「你比較想……」（Would you rather）的問答遊戲，我們總共出了七道題目請他們回答（例如：「你比較想要會飛，還是會隱形？」和「你比較想走一公里，還是跑兩公里？」），然後告訴其中一半的人他們在這七道題目中有五道題目都回答一致的選項，而另一半的受試者則是被告知他們在七道題目中只有兩道題目的選擇結果一樣（這部分我們是騙他們的，問答的實際結果並不重要）。實驗結果發現，比起只有兩個答案相同的那組，五個答案一樣的那組人相處起來更為融洽，因為他們認為彼此有較多共通點，從一開始就留下了好印象。

有些人不吃阿諛奉承那套，他們就會改成尋找共通點來拉近距離，這種方法比較沒有侵略性，幾乎對所有人都適用。

• 不過……他們往往過於短視近利

平時只籠絡對自己有利的人，又總是踩著其他人肩膀往上爬，這種過於功利的思維短期內或許還能發揮一些效果，但長遠看來，職場升遷這種事沒人說得準，風水輪流轉，說不定你今天欺負的人，未來有一天就爬到你的頭上。

現代職場變動快速，很多公司都會讓員工進行「職務輪調」來轉換工作地點。

美國國家美式足球聯盟（National Football League）有個特別輪調計畫，可讓員工在四年內前往四個不同地點工作（紐約、加州、華盛頓特區和紐澤西），以前只會跟固定一群人互動，現在接觸到的人更多了，如果總是藉由貶低同事來抬高自己，不僅樹敵太多，還會失去其他同事對你的尊重，流言蜚語也會很快傳開。

他們會從何處下手？

就像腳踏兩條船的人，想盡辦法讓兩邊情人的生活圈不產生交集，讓他們都不知道彼此的存在。職場裡媚上欺下的人也是如此，他們面對上司、同事或部屬，用得都是不同的策略和應對，各個擊破、分而治之，即便最後東窗事發，他們也早已找好靠山。

• 找機會與上司獨處

大家可能對上司頗有怨言，職場都被那些媚上欺下的人搞得烏煙瘴氣了，為什麼還不趕快把他們開除？我們一般會認為，職場上的互動是上對下的關係，部屬必須對於上司言聽計從，但也有可能是反過來的，如果遇到了這種手段高、城府深的部屬，上司反而還會被他們牽著鼻子走，甚至會被他們反過來利用以實現自己的目標。

什麼樣的上司容易被他們牽著走？與團隊脫節（如第六章談到的搞不清楚狀況老闆）或是急於把工作交辦下去的上司，都是他們特別容易選擇下手的目標。他們平時就會盡心盡力為上司排憂解難，藉此得到賞識與信任，上司也習慣把事情交代給自己的心腹之後就撒手不管、坐等成果，正好讓他們有機會可以獨攬大權。

我以前的同事莎拉就是如此，每次一有什麼任務，她都會主動站出來接手。但其實她根本沒時間處理這件事，她就會強迫下屬假日加班完成工作。導致下屬莫名其妙被增加工作負擔而產生怨言，當怨言傳到了莎拉上頭主管的耳裡，他似乎對此頗不以為然，有莎拉這種積極能幹的部屬幫他把事情都分配好，他也樂得輕鬆。他們慢慢變成一種負面的相互依賴關係，主管為了有效地完成工作需要莎拉的協助，而莎拉也想利用主管獲得更多的成功機會。

別誤會我的意思，不是說主管不能將工作交辦給部屬，只是說如果他們都把工作委派給莎拉這種人，就會產生很多問題。她會變成發言人的角色，所有事情都是由她來向主管報告，主管如果過於忙碌，沒有好好了解實際情況，容易讓下情難以上達的問題更加嚴重。

• 在工作外的地方……他們也不會放過

我曾經有個同事史黛拉，加入了公司的衝浪同好會，只因為這個同好會的召集人是她有心想認識的一位高階主管。史黛拉不僅很討厭沙子和黏糊糊的海藻，皮膚還很敏感，只要穿著衝浪防寒衣，過不久就會因為潮濕悶熱，皮膚上出現紅腫，讓她感到灼熱刺癢難耐，不過她也只是塗了些凡士林，強忍著跟大家一起衝浪。因為只要能接觸到那位高階主管，這些身體上的痛苦對她而言都不算什麼。

一般人就算在一間公司待了很久，也不一定會跟高階主管有所交集，不過他們卻總有辦法在平時工作場合外找到機會主動出擊。

而他們也知道，如果要跟上面的人講你壞話，選擇直接找你的直屬主管並不是明智之舉。最好是找你直屬主管的上司，或者是其他跟你沒有直接接觸卻對你有影響力的人。

為什麼不能找跟你關係比較親近的人？

首先，如果找你的直屬主管，通常已經對你有一些既定印象，要再去改變主管對你的看法會比較困難一些。再來就是，如果事情搞砸了，直屬主管發現其實都是他們在中間搬弄是非，局面很快就會變得不可收拾，所以他們當然要找更上層的主管。層級差比較多的主管通常不太會去關心你一些太細節的情況。其實想想也很合理，比起我同事的直屬部屬，我對自己的直屬部屬寄予厚望，如果他們犯了什麼錯，肯定會讓我更加失望。

採取這種間接手段通常都能達到他們想要的效果。

職場上不免需要跟媚上欺下的同事交手，但如果直接去找上司抱怨，上司通常不會理你，因為媚上欺下者精心鋪陳已久，在上司面前極盡諂媚之能事，善於博取有權勢者的歡心，所以上司只會覺得你是出於嫉妒心理才惡意抹黑他們。因此，如果你只是憑著一股衝動，就去揭發真相，很有可能會產生反效果。我們必須運用一些策略，在攤牌之前先多觀察並蒐集更多的證據，才有辦法克敵致勝。

第一步：找人脈廣的同事當盟友

第一次在工作中遇到這種情況，我不確定到底怎麼樣才算越線，不禁開始自我懷疑了起來：「是我太敏感嗎？是不是這裡的職場生態就是如此競爭？」像我這種「好傻好天真」的人最容易成為目標。

因此，我們可以在職場想辦法結交「盟友」，他們人脈廣、人緣好，公司上上下下都熟得很，消息特別靈通，你可以透過盟友幫你蒐集情報，了解那些媚上欺下者又在你背後的竊竊私語。而你也不必把盟友當朋友般掏心掏肺，仍須保持著一定距離。

你可能會覺得「往往有權勢的人，才能擁有廣泛的人脈」。事實並非如此，在很多組織裡，真正有豐富人際資源者反而不是手上握有權力的人，以恐怖組織為例，消息最靈通的其實都是那些計程車司機，或是負責運送武器貨物的小嘍囉。

我還在百貨公司做銷售時，我認識了百貨公司咖啡店員賈馬爾，他成了我的盟友。賈馬爾認識好多人，就連一年只會來巡視一次的高階主管，或者來查緝扒手的便衣警察他都認識。而且大家很愛來這邊喝咖啡聊是非，那些對話他全聽進了耳裡。我問賈馬爾有沒有聽說過戴夫什麼，為避免預設立場，我請他無論正面還負面都跟我說。事實證明，不是我自己想太多，戴夫對很多人都是如此，確定這件事就算是順利完成了策略第一步。

第二步：尋找其他受害者

下一步要去尋找其他跟你一樣被盯上的人，尋找過程需要主動與人交談，這可能會讓你感到有些害羞，這也很正常，大多數人都很討厭這種尷尬的社交互動，也很怕被別人拒絕或冷漠對待。

與那些可能同為受害者的人接觸時，有幾件事要特別注意。第一，你不是要找人跟你同一個鼻孔出氣，現在首要目標也不是抹黑戴夫名聲，在這個環節裡，我會用比較中立的態度開啟對話：「你和戴夫很常接觸嗎？你們的關係還好嗎？」一旦有人說出有同樣遭遇，這時候你就能跟他們分享自己的情況，敘述應貼近事實，避免加入太多主觀情緒造成人身攻擊。此時，如果對方願意向你敞開心扉，不妨問問他們願不願意跟你一起去找上司談談，或者讓你把他們的經歷寫下來再代為轉告。

第二，不是每個人都願意站出來作證。有些人即使也有過類似的經歷，卻因為太過震驚不知所措、擔心遭到報復，或是不想惹事生非，所以寧願保持緘默。有些人則是刻意視而不見，他們在權衡利弊之後，選擇與媚上欺下者站在同一陣線，希望有天也能從他們身上獲得一些好處。

第三，萬一行動走漏了風聲不小心讓媚上欺下者的狐群狗黨知曉，事情就更難處理了，所以我們可以先徵詢盟友的意見，了解向哪些人打探消息比較不會出問題。盡可能著重在客觀的事實上，而不要僅憑自己的想法或感覺說話，如果罪證確鑿足以證明他們真的有那些行為，那你就能堅定自己的立場，繼續下一步行動。

第三步：緩衝

如果這時候還要跟加害者密切接觸，那一定會很難受，所以無論身心都要與加害者保持適當距離，藉此減輕過程中面臨的龐大壓力。

一開始先盡可能地記錄下你們面對面接觸的頻率和時間，雖然有人會嫌麻煩，但確實有必要這麼做，很多人開始記錄以後都感到相當驚訝，發現原來自己和某個人接觸的頻率這麼高（電梯裡遇到也算，但如果沒有記錄下來，我們一下就忘了）。接著我們就可以來開始分析這些日常互動，有些是不可避免的場合，譬如說每週的例行性會議，有些則是在咖啡機旁巧遇這類難以預測的情境。

我在研究中發現，就算是處在同一個空間，只要能坐得離某個會讓你感到壓力的人遠一點，就能有效減輕焦慮。也就是說，雖然無法避免要出席會議，但可以盡量和那個人坐在桌子的兩端，或者事先請跟你比較要好的同事，到時候坐在你們之間，只要中間隔著幾個人，避免眼神接觸，都能幫自己留一些緩衝的空間。

第四步：心平氣和地跟上司溝通

我第一次鼓起勇氣和瑪麗談論戴夫時，氣沖沖地脫口而出：「戴夫對同事態度惡劣，又愛撒謊，還搶我業績。」但是當我話一說出口，瑪麗臉上的表情馬上陰沉了下來。

「我擔心的事果然還是發生了。」瑪麗這麼回我。「戴夫一直都有跟我提到你太爭強好勝了，因此你可能會因為他優異的表現而感到倍受威脅。泰莎，戴夫真的很想跟你好好相處。雖然團隊裡出現了這麼優秀的同事令人難免眼紅，但你們可別像高中生一樣爭風吃醋吵鬧不休。」事後我只好垂頭喪氣地離開。瑪麗追求的是衝高公司的營業額，因為戴夫能幫她達到這個目標，所以她對戴夫特別有好感。

後來我決定換個表達方式，在批評他人之前說些讚美的話，以營造友好的溝通氛圍。

我說：「戴夫既受顧客歡迎，又會引導他們消費，沒人比得上他，是我們銷售團隊不可多得的人才。」

瑪麗靜靜等著我繼續說下去。

「不過，我有點擔心我們的工作環境。」我講到「我們」兩個字時加重了語氣。

「不只我，同事們也都被他搞得身心俱疲，如果繼續這樣下去，我擔心留不住公司原本厲害的銷售人才。」人才流失是瑪麗最擔心的事。

接著，我舉了一些例子，說明戴夫的行徑，並請瑪麗不要只聽信戴夫的讒言，有機會也可以聽聽別的同事的說法。

如果能心平氣和地跟上司溝通，他們比較不會覺得你是想挾怨報復。雖然表達的意思相同，但這些話聽起來更容易讓人接受。

第五步：靜觀其變

和瑪麗談完後，接著就靜觀其變吧。

我了解最難熬的事情莫過於等待。之前紐約大學某院長跟我說：「有點耐心，表面上看起來沒有動靜，不代表背後的事情沒有順利運轉。暗潮洶湧的權力運作都是私底下角力拉拔，不會攤在陽光下進行。」到現在我還是會時時提醒自己，耐心等待，給上司一些時間處理。

上司的應對法則

我在職場上也逐漸擁有更高的權力地位，慢慢了解到競爭無可避免，特別是只有極少數升遷機會的職場環境，為上位不擇手段的人比比皆是。身為上司，我們只能透過以下幾種方法，盡量不讓那種人得勢。

第一，別太相信自己的直覺，決定職務分配前多徵詢各方意見，就算某人的工作表現再好，若是在同事之間風評很差，也要避免讓他們擔任要職。

第二，訂定能確保公平的制度規範。為了避免戴夫總是搶銷售新人的客戶，瑪麗制定了接待客戶輪排制度，銷售員每天按輪排先後順序輪流接待新客戶，先是由我接待客戶，然後是戴夫，再來就輪到新人，以此類推。

第三，聆聽團隊裡所有成員的想法，而不是只透過其中一兩個人轉達，才能避免當中有人刻意扭曲事實。

重點複習

1. 媚上欺下者一心想在職業生涯攀到頂峰，會為了達到目的不擇手段。
2. 他們擅於察言觀色，透過細緻入微的觀察力，一下就能弄清楚每個人的權力地位。
3. 他們會事先尋找與有權勢者的共通點，藉此開啟話題、拉近距離。
4. 職場上有強者愈強、弱者恆弱的現象，愈早掌握權力，往往能帶來更多優勢，媚上欺下者深知這個道理。
5. 他們總會主動出擊，把握各種能與高階主管接觸的機會，積極出席會議或同好會活動。
6. 若不幸遇上了這種在背後耍小手段的人，首先要想辦法結交盟友，消息靈通的盟友能幫助你釐清狀況。
7. 接著，尋找跟你有同樣遭遇的受害者，可以先徵詢盟友的意見，了解向哪些人打探消息比較不會出問題。

8. 過程中無論身心都要與加害者保持適當距離，即使只是在會議室裡坐遠一點也能減輕壓力。

9. 先蒐集更多證據，再心平氣和地跟上司溝通，盡可能著重在陳述客觀的事實上，而不要憑自己的想法或感覺説話。

10. 如果你本身就是主管，不妨訂定一些相關的制度規範，讓大家能公平競爭。

第二章
功勞小偷

珊卓拉的大學室友卡拉曾從事房地產行業，她光彩照人、魅力出眾，完全是當房仲的料，但卡拉心思細膩敏感，房仲業務彼此之間競爭激烈，常會因為有人公然挑釁或在她背後說三道四而崩潰大哭，直到她身心俱疲後，轉而從事培訓搜救犬的工作。

珊卓拉拿到常春藤盟校的工商管理碩士學位後，進入金融業工作了十多年。她自認在金融業待了這麼久，應該沒有什麼難得倒她了。珊卓拉不懼卡拉的慘痛前例，還是毅然決然地投入房地產業。她輕輕鬆鬆通過房地產執照考試並找到了工作，帶她的主管荷西是南加州首屈一指的房仲。

荷西講話油腔滑調，穿得像個高級住宅區的整形外科醫生，訂製三件式西裝、義大利樂福皮鞋，配上標準迷人的微笑。身高一百九，擁有恰到好處的健康膚色與一身結實的肌肉，大家都覺得他不做模特兒太可惜。他還真的有當過模特兒，不過那是六年前的事了。

兩人第一次見面時，荷西興高采烈地說：「常春藤盟校畢業來做房仲？我們一起打遍天下無敵手吧！」

在六個月內，他們攜手合作成交五筆超過五百萬美元的物件，幾乎沒有房仲新手能像她繳出這麼漂亮銷售成績單。荷西還幫她跟跨國投資者從中牽線，珊卓拉的業績很快就追上了荷西，讓他感覺倍受威脅。

於是，荷西一點一滴將珊卓拉想出來的點子據為己有。有次，珊卓拉和荷西吃早午餐時，她提到海濱別墅展示屋可以用白色家具作為主調，雖然感覺有點俗氣，但現在豪宅都流行用這種全白內飾。荷西對這個想法不以為然，珊卓拉也就沒有這麼做。後來卻發現荷西將方圓五十公里範圍內所有高檔白色家具都租下來裝飾他的展示屋，而珊卓拉只剩白色的塑膠草坪椅。

還有一次是他們有個出了名挑剔又難搞的買家湯瑪斯，珊卓拉花了一年的時間才好不容易跟他打好關係，荷西卻「借用」珊卓拉的談判策略搶了她的客戶，還跟她說：「妳應該不介意這次由我來處理吧，妳看起來忙翻了。」珊卓拉聽了十分震驚。

最麻煩的是，荷西總能說出一些模稜兩可的話來否認他的「偷竊」行徑，狡辯道：「全白設計概念又不是妳發明的。而且在妳來之前，湯瑪斯本來就是我的客戶，房仲業沒有客戶一定歸誰這種事。」

雖然珊卓拉內心憤憤不平，但她還沒準備好脫離房地產公司自立門戶，現在要她搬去別的城市、重新開發客源對她來說太過困難，但如果只是跳槽到這個地區的別間房地產公司，荷西肯定會來找她麻煩。

所以珊卓拉別無選擇，只能受制於荷西，就像一隻毫無反抗之力的海豹寶寶，被吸血蝙蝠一點一滴吸著血，雖不足以致死，但會逐漸被削弱。珊卓拉逐漸覺察到，或許像卡拉那樣轉行飼養搜救犬也不錯。

披著羊皮的狼

職場上很常會發生這種衝突，自己付出的心血卻被別人整碗端走。然而，我們往往很難在事前察覺到蛛絲馬跡。

為何如此？我們其實都有防範之心，約百分之五十的企業會要求員工簽署競業條款，避免員工在離職後洩漏公司的機密資訊。我們擔心的都是公司外部的威脅，卻沒有意識到內部員工其實也有可能竊取公司資源，有百分之二十五的人有浮報過費用，比如出差時一頓晚餐吃了五十美元，卻報了一百美元的帳。也有大約一半的人曾在職場上被人竊取想法。

功勞小偷往往是我們身邊很親近的同部門同事、職場導師或帶著善良面具的「假面好友」，我們可能在閒談之中分享了自己的點子，或是他們熱心地要幫你集思廣益一起修改提案。因為都是我們很信任的人，已經對他們卸下心防，所以會更難防範。

這些人很聰明，通常會從一些小事著手，像是白色系家具這樣的小點子，先試試水溫，看看對方能忍受到什麼程度。像荷西這樣的人擅於掩蓋自己的惡劣行徑，為自己留足後路，這樣就可以否認到底，荷西本來就已經是業績長紅的頂尖房仲，大家也不會多說什麼，如果站出來指控他，可能也不會有人相信。而珊卓拉這樣處於權力弱勢的受害者也別無選擇，只能繼續與這種人合作，苦吞悶虧。

如果發現這些偷偷摸摸的手段，就要特別提高警覺：

1. **他們是職場上的投機份子：**諸如小組會議、團隊聚餐或私底下討論，沒人知道這些主意的原始想法出自誰的手筆，也讓他們有機會不露痕跡地竊據想法。
2. **功勞小偷有跡可循：**大多是平時很要好的同事、有師徒關係的主管或部屬。在競爭激烈的職場環境，每個人都想力爭上游，尋求優異表現，這種時候媚上欺下者很有可能同時也是功勞小偷。

3. 老闆助紂為虐：一心只在意公司是否賺錢、拓展更多客戶，為了自身利益而不去制止員工搶功勞的行為。

4. 不一定是有意為之：他們可能也沒想像中這麼壞，有些人的「居功行為」並非惡意，只是無意間養成的習慣。

本章前半部討論的是職場上遇到搶功勞的小人該怎麼應對，特別是在親近的同事或師徒關係中，我們很容易對這些信任的人失去警覺心，如果真有與他人分享計畫的需要，最好在公開場合與相關人等一起討論，讓大家知道你是想法來源。

後半部則會談到如何透過改善團隊的運作方式來解決這類問題。讀完本章後，未來如果遇到這種情況，比較能夠事先察覺，也不必再忍氣吞聲。

潛伏在你我身邊

付出多少本來就應該獲得相應的功勞，為何每次都莫名被人坐收漁翁之利，到底誰是罪魁禍首？

•假朋友真敵人

自然界中很多動物都知道，如果想要偷東西，最好先假裝與目標成為朋友，會比較容易下手。這是歷經數百萬年演化而來的生存策略。

舉例來說，雄蠍蛉在求偶時必須準備美味的蟲子送給雌蠍蛉，當作交配的禮物，送的愈多愈貴重，就能得到更多繁衍後代的機會。不過有時候蟲子並沒有那麼好找，所以聰明的雄蠍蛉會偽裝成雌性，讓其他雄蠍蛉放下戒備之心，然後再趁機偷走牠們找到的蟲子。

功勞小偷和雄蠍蛉一樣狡猾，表面上態度友好跟同事或前後輩交朋友，讓人卸下防備之後再出手。而珊卓拉正是如此掉入陷阱，她的慘痛經歷很值得我們借鏡。

珊卓拉後來繼續跟荷西一起工作了幾年，荷西把湯瑪斯搶了回去，並成交了那年最大筆的交易，那是坐落在加州馬利布（Malibu）懸崖邊的一棟豪宅。他為此租了一艘豪華遊艇，邀請很多同業出海慶祝。

荷西手裡拿著香檳，自鳴得意地對眾人說道：「如果沒有珊卓拉，我不可能完成這筆交易，她是這次交易的重要推手。」就在珊卓拉已經受不了他，幾乎想把他推下遊艇的時候，荷西居然說了這段話，但重點是珊卓拉這次剛好在忙別的案子，根本沒有幫忙這筆交易，荷西卻莫名其妙將這一切歸功於她。荷西有何意圖？

功勞小偷不是只竊取別人的成果，也會適時故作謙虛地歸功於他人。為什麼要這麼做？美國加州大學柏克萊分校的丹尼爾．斯坦（Daniel Stein）指出，在面對功勞時，人會依照自己想要給人留下的印象，而展現出不同態度。若是將功勞往身上攬，能彰顯自己的能力、吸引更多合作機會；若是把功勞與人分享，則會讓他人對你留下謙虛的印象。而荷西這麼做就是為了讓大家對他留下好印象，所有人都覺得他獲得成功時依然能保持謙虛，還不忘把功勞分享給身邊的人。這時候如果珊卓拉把事實真相說出來，別人可能還會覺得是她精神錯亂或忘恩負義。

大多數功勞小偷都會用這招，在諸如會議致詞、發表感言或入職培訓的公開場合中，表面功夫一定做足做滿。他們和媚上欺下者一樣，都是私底下關起門來才會露出真面目。

• 老闆有利可圖

防止這類事情是老闆的責任，對吧？我開始寫這本書之前也一直是這麼認為，無法理解為什麼有老闆會放任不管。我知道有些老闆是因為不想把事情弄得更複雜，所以選擇不去干涉，但他們最終還是要承擔後果，當搶功勞到了放肆的地步，危及的是企業本身。

然而我還發現一種情況，有些老闆不僅放任不管，甚至是推波助瀾，讓問題變得更加嚴重。舉個實際例子來說，室內設計師綺迪本身沒什麼才華，但在藝術界頗有影響力。她的老闆塔爾就是看中這點，所以才找她來自己的藝術精品公司工作，也會為了討好她而平白無故地胡亂誇獎。

塔爾曾有一次在藝術展覽會場對客戶說道：「綺迪提議主臥室的浴室可以用金

屬拉絲質感的壁紙，這點子實在是太棒了！」綺迪臉瞬間紅了，這個想法根本不是出自她手，而是新人朱妮提出的，但綺迪當下也沒有反駁，老闆的讚美之詞讓她不禁有些飄飄然了。自此之後，塔爾總會把團隊的心血歸功於綺迪，而綺迪也會動用自己的人脈幫客戶拿到他們想要的藝術品，逐漸形成一種各蒙其利的互利共生關係。

後來有一天，來了一位挑剔謹慎的客戶馬克，他從藝術界的朋友那裡聽說了這裡有個厲害的設計師，因此特別慕名而來，希望綺迪能幫他的鄉間小屋增添一些趣味設計。馬克很注重個人隱私，不希望設計團隊像螞蟻一樣忙進忙出，所以只給了綺迪鑰匙，他也很討厭太多人打電話給他，所以只有綺迪能跟他接洽，也就是說，這個案子只能由綺迪獨自負責。一個月後，綺迪只在閣樓空間擺了兩件新進藝術家的雕塑作品，此外就沒別的了。甚至連換個牆面顏色都沒有。

馬克這才發現綺迪根本名不副實，頓時怒不可遏。隨後，塔爾將綺迪開除也無法挽救公司一落千丈的聲譽。

這種眼裡只有利益的老闆遲早都得自食惡果，不過如果你在職場上遇到塔爾和綺迪這樣的組合時，建議你趕緊溜之大吉！除非你有更強大的靠山，不然就只有吃虧的分，功勞永遠不屬於你。你的付出老闆都有看到，只是他們早已利慾薰心，所以也不會在乎你有沒有得到應得的讚美和肯定。而如果連老闆都狼狽為奸，這個現象肯定會如野火燎原般蔓延開來，整間公司都不會好到哪裡去。

掌握發言權

人人都有可能成為功勞小偷鎖定的對象，尤其是在競爭激烈的職場環境，個人價值取決於為公司創造的價值，爭搶功勞的情況往往更為嚴重。有些人會一點一滴慢慢蠶食你的客戶，有些則是會「借用」你費盡心思想出來的點子。而他們在必要時，也會故作慷慨地把功勞「送」給同事或上司。

功勞小偷之所以能如此，是因為他們掌握了發言權，可能只是單純講話大聲，或是因為地位崇高而受人重視，他們發言都會有人注意聽。因此，如果想要反制自保，我們就得擁有比他們更多的發言權。

怎麼樣算是掌握發言權？最基本的是當你一開口說話，就能吸引眾人的注意。更深一層的理解是，如果你提出某些想法，即使過了很長一段時間，大家仍清楚記得這想法源自於你。

那要如何掌握發言權？當然不是到了會議室之後，才開始想辦法吸引大家注意，而是在這之前就先幫自己鋪好路，因為能在會議中獲得發言機會的人，事前一定做了充分準備。在職場上獲得同事的尊重和人氣，受到上司或老闆的提拔和賞識，相對擁有的發言權也會更多，這種人通常能在職場平步青雲，根本用不著跟同事爭搶功勞。

凱依就是這樣的人。她的老闆布萊恩正在打離婚官司，身心倍受折磨。三個月來，每週一早布萊恩固定與律師會面兩個小時，談完之後總是心情很糟。布萊恩大多時候都很忙碌，但每週一中午十一點到下午一點總會有兩個小時的空檔，新員工發現之後都想趁這個空檔去找老闆談事情，不過凱依跟他們說：「絕對不要約他跟律師會面後的時間，即使是要再等十天也別冒那個險」，這個時間去找老闆談任何事都不會有好結果，他才沒有心情聽員工說話。

凱依知道公司上上下下很多有用的小道消息，可以告訴你哪幾天找老闆談事情比較容易成功、哪個厲害人物一句話就能搞定難纏的客戶，還有最好避免參加哪些假日聚會，她對這些事情瞭如指掌。而布萊恩是個大忙人，他沒有時間跟太多員工密切接觸，只由少數人負責跟他報告公司狀況，凱依就是其中一人，她有機會與老闆直接溝通。一旦有了發言權，她努力的成果自然容易得到老闆認可，功勞小偷也不敢把歪腦筋打到她頭上，他們知道她有老闆罩著。

凱依是怎麼辦到的？

譚雅．霍威爾和同事做過一項迄今為止最大的語音辨識研究，詢問超過一千名員工：「該怎麼做才能掌握發言權？」而研究結果指出，若要掌握發言權，最重要的是「建議關係」（advicetie），也就是尋求他人的建議。

最好的方法是和公司裡已經掌握發言權的人建立關係，並從他們身上學習。凱依從入職第一天起，就很努力找出公司裡精幹的同事。一週之後，她已經找過許多人喝咖啡，無論職位大小她都會去接觸，這些人也在聊天過程中告訴她公司的各種大小事，包括總經理待在辦公室的時間、老闆的心腹以及死穴。藉由與各種不同崗位上的員工建立聯繫，凱依不斷拓展自己在職場上的人際網絡。

凱依還會觀察布萊恩和其他高階主管在會議上的反應，有些人提出意見會被認真看待，有些人才講不到兩句就遭到無視或打斷。有些人無論犯甚麼錯都會被通融，還有些人無論做什麼都會惹怒老闆，表現出來的態度全因人而異，凱依從中了解到其中隱含的眉眉角角。

凱依也不會藏私，她很願意大方分享自己累積下來的這些生存之道。與人分享不僅利人利己，且為自己塑造聲譽，同時培養更深刻的人際關係，而偷藏步對大家都不會有任何好處。

正如凱依所了解到的，一般人都認為要找最有成就或最有權勢的人探聽情報，但真正的厲害角色往往藏身在我們周遭，早已在我們的社交圈中，可能是在某個派對上遇到的人，或是在某些業務上有所交集的同事。我會建議多接觸不同領域的人群，讓自己有更多機會獲得各種類型的內幕消息，像是適合預約與老闆談話的時間、平時好相處的主管什麼時候要遠遠避開為妙、哪些人之間有發生衝突。我也很喜歡多去認識對老闆時間安排瞭若指掌的人，他們熟知老闆哪些特定時間會忙得暈頭轉向（例如：會計年度結束時）、何時會去度假，還有老闆繁忙的工作中什麼時候才會出現一點空檔能讓你安插進去。

第一章有提到我們可以在職場上結交盟友，他們人緣好又消息靈通，這些人同樣可以成為你的情報來源，或是透過他們與更多人搭上線。

為了探聽消息所建立的關係不等於朋友關係

職場上建立關係的最好方法不是花時間建立小恩小惠的交情，比如說幫主管跑腿買咖啡，或者幫同事莎拉舉辦產前派對。幫點小忙的確是舉手之勞，但如果濫用自己的好心，很有可能因此耽誤了份內工作，還不見得能得到別人的尊重，甚至被人推諉更多工作。

有些人認為跟同事當朋友才會有人想要聽你講話，但結果可能適得其反，譚雅．霍威爾研究發現，職場上交的朋友越多，擁有的發言權就越少，特別是有些人話匣子打開停不住，常常談論的都是社交性質的話題，容易分散自己對工作的注意力，老闆看了不順眼，在公事方面反而會失去發言權。

也不是說不能在職場上交朋友，只是別在辦公室就忍不住大聊特聊，盡量將與工作無關的閒聊留待下班後再說。我們可以在職場上建立各種不同關係，有些人深交成為朋友，有些人僅止於消息互通的合作關係，端看你是否懂得拿捏各種關係的分寸。

・不是提出問題，而是提出解決問題的辦法

無論是會議或是小組討論的過程中，有些人只是一味地提出各種問題，而有些人則是會進一步找到問題產生的原因，並針對問題提出解決方案。

兩者看似都有所貢獻，但事實證明後者才是真正有效的解決之道。大家想知道的是團隊該怎麼做才能取得最終成功，而不是阻礙他們實現目標的因素。團隊之中若是有人總是能適時提出可行的方案，大家也會喜歡向他們尋求建議，老闆或上司其實多少都會注意到，自然願意給這些人多一些發言機會。

‧讓所有人的努力都能被看見

職場通常都有些默默做事不邀功的無名英雄，能力易被低估、無法嶄露頭角。如果團隊中有這樣的同事，不妨適時伸出援手幫助他們爭取自己所應得的功勞與矚目，如此一來就不再只有那些善於表現自己的人能獲得青睞。當默默耕耘的人都能夠勇於發聲，功勞小偷也就沒辦法再那麼猖狂。

怎麼對付搶功勞的人

我曾在「如何在職場上暢所欲言」專題講座上與兩位專家一同演講，只要我講了什麼，過沒多久其中一位專家就會把我說過的內容換個講法又重複了一遍，搞得就像是他提出的想法一樣，場面相當荒謬。

幸好有觀眾主動幫我說話：「能不能不要在泰莎講完話後，你就馬上又說了類似的內容？我們不需要重複聽兩次她的觀點。」此時所有人都安靜了下來，大家面面相覷，不知如何是好。

我隨即放聲大笑，打破尷尬的沉默。不過因為動作過大，一不小心扯掉了麥克風電源線，就在我要把線接回去時，還差點從椅子上摔下來，讓鞋子落在地上。

在對付功勞小偷的過程中，很容易一不小心就落入如此境地，若要避免這種尷尬的時刻，就盡量不要一開始就大張旗鼓地宣揚他的行徑或找對方理論。我不希望自己在還沒準備好的時候，就得在眾目睽睽之下面對這種事情。我反而喜歡事先擬定計畫，藉由換位思考開始，因為面對本書介紹的各種職場混蛋都適用這個方法，以站在對方的立場思考問題才能更清楚他們會如何採取行動。

• 第一步：私下與對方談談你的看法

有時候對方可能沒有意識到他的行為會冒犯到你，或者他們認為自己曾貢獻一己之力，所以這些想法或工作成果也能理所當然地分一杯羹。面對他們時，直接在公開場合指責或飆罵並不是個好主意，他們可能會因此惱羞成怒也更不願承認錯誤。我們可以換個方法私下找對方談談自己對這件事情的看法（不抱持對立心態地分享看法），你可以這樣說：「我發現我們在會議上提出很多類似的想法，你也有這種感覺嗎？我認為大多都是我先提出的，你覺得呢？」這樣的談話感覺就像是你和伴侶或室友在疫情期間爭論誰做了比較多家務，你們倆都覺得自己承擔更多家務。工作上同樣也會遇到這種問題。

• 第二步：確定每個人到底做了些什麼

接著列出彼此各自做了哪些貢獻。特別要記得把那些難以衡量的「隱形勞動」算進去，在家裡，隱形勞動包括倒垃圾、摺衣服和安排孩子看醫生等瑣事；在職場上的「隱形勞動」，則是包括整理文件、校對檢查等工作，這些看似無關緊要的小事，卻是維持公司整體運作非常重要的一環。有責任心的人經常順手攬下所有事務，所以你們應該彼此都不清楚對方承擔了多少隱形勞動工作。

你們之間的隱形勞動量難免存在不平等的狀況，這時候不妨用這樣的方式起頭：「我覺得最近很多工作都是我負責（舉例說明），你有發現嗎？我們是不是要來討論一下各自做了哪些工作，不然我們可能都不太知道對方在幹嘛。」

前兩個步驟是希望你們能彼此交流、謀求共識，下一步則是要思考如何避免之後又發生這種情況。有時候，就算已經照著前面的方法好好與他們坦誠對話，難免還是會遇到有人死性不改，成為職場上令你痛苦的存在，但如果我們不是直接的受害者，或許情況就不會那麼讓人難以忍受。所以在這種狀況下，除非上司會緊盯著他們的一言一行（通常不可能），不然我會想盡辦法能避就避、能閃就閃、能離多遠就離多遠，不讓他們插手自己正在處理的案子，更不要分享構想。

如果他們詢問你為何要刻意疏遠，也請用「我們之間的信任已經被消磨殆盡」之類的話簡單帶過就好，不必再憤怒地跟他們大吵一架。一旦下定決心要避開這些人，也沒什麼好繼續來回爭執。繼續吵下去一點幫助都沒有，只會讓你血壓飆高而已。

如何公平地分配團隊工作成果

看到這裡，大家應該已經知道對付功勞小偷的一些基本技巧，也知道若是在溝通過後這些人還是繼續糟蹋你的信任時該如何應對。但如果不得不透過團隊合作完成任務，那又是另一回事了，有時候可能也不是團隊成員有意搶功勞，只是大家真的很難釐清彼此的貢獻，也許在工作的一開始就沒有妥善分配任務，責任劃分也不明確，再加上一般人傾向於高估自己對群體成功的貢獻，團隊之中自然會有功勞分配不均的問題。

接下來我會先談談什麼樣的團隊容易出現這種情況，再來討論如何防止團隊中有人爭搶功勞。

• 由志同道合之人組成的團隊

團隊之中包含了各種不同背景與經歷的人，能夠激發更多元的創意觀點和思維、提高解決各種問題的能力，決策也比較不容易出錯。除此之外，團隊成員多元化還有個比較少人注意到的優點，就是團隊成員之間比較不會撞點子。

我第一次感覺到自己的點子被「偷」了，是在我研究所的時候，那時身邊的人都是讀同樣專業領域的同學。有次我在星期三的聚會上跟朋友分享最近的研究想法，到了星期五卻發現我們研究團隊其中一位成員潔西卡搶先發表了這個想法。潔西卡根本沒有參與前幾天的聚餐！我當時認為應該是有人出賣了我。

潔西卡報告到一半，我完全可以確定她偷了我的研究想法，第十五頁投影片上的內容幾乎跟我在聚餐時分享的一模一樣。報告結束後，大家都針對她的報告給了許多很有建設性的意見回饋，但我氣到講不出什麼好話，輪到我給建議的時候，我就只是用刻薄的語氣冷冷地指責她竊取別人的創意。

教授對我的行為相當不解，課堂結束後把我找去他的辦公室。潔西卡已經坐在裡頭，雙臂交叉於胸前，看都不看我一眼。潔西卡說她沒有偷別人的想法，這都是她自己想出來的。而教授則是要我們倆冷靜點，我們提出的不過只是個初步的構想，後續還需要更多研究和資料佐證，這個構想才會變得完整，現在沒什麼好爭的。

我和潔西卡的背景非常相似，受過相同的邏輯思維訓練。我們一直以來閱讀同樣的學術文章，蒐集的相關文獻資料也大同小異，上的課程也差不多，學習同一套心理學研究方法，會有同樣的構想也是合情合理。

我沒辦法控制團隊的組成，那要如何避免之後又跟別人撞點子？於是我學著專注於自我提升，多去認識不同背景的人，除了精進原本的專業之外也不斷拓展其他技能，慢慢讓自己敢於與眾不同。自此之後，我總是能有跟別人不一樣的創意發想，想出了許多富有趣味與原創性的新點子。

隨著閱歷的日漸豐富，我愈發了解到，一起共事的團隊通常都是聚集了一群想法相似的人，你能想到的當然別人也會想到。最近學術界也有出現這種情況，兩位學者在相隔不到幾天的時間，將自己的研究投稿到同一家期刊，研究中所得到數據與結果卻是完全一樣，簡直讓人難以置信。

而這家期刊的作法是讓雙方學者合作，既能集結兩人研究中的精華，他們也都能在發表的論文上掛名，獲得應得的肯定和重視。因為彼此願意合作而順利解決了這個問題，如果他們只是一味指責對方，誰都不讓誰，鬧到最後兩人的論文都無法發表，那更是得不償失。

- **透過大家集思廣益迸發出創意的團隊**

許多人認為可以透過腦力激盪（brain storming）的方式，激發團隊的創造力，大家就像丟接飛盤般彼此過招，有人提出初步構想，其他人再以此為基礎不斷加入意見，互相激盪出精彩火花，從而產生很多的新觀點和問題解決方法。

看起來皆大歡喜，對吧？

不過，這也並不是完全沒有問題，雖然團隊往往能獲得出乎意料的成果，但通常沒辦法分清楚誰貢獻了什麼想法，有些人會因為沒有得到讚揚而有所不滿。

想像一下，如果你身為設計團隊的一員，你們要研發出一款專為害怕看牙醫的患者所打造的牙醫診療椅，會議進行了四十五分鐘，你已經提出了十個構想，大家都是保持微笑、點頭稱是、頻頻豎起大拇指，你能感覺得自己表現得非常好。

最後會議快結束時，上司傑森總結道：「這次團隊合作很成功，謝謝大家！」你可能會想：這怎麼搞的？自己貢獻了這麼多，為什麼沒有特別受到稱讚？

傑森並非刻意忽略你的表現，他只是沒有你想像或期望中的那麼關注你。這其實是所謂的聚光燈效應（spotlight effect），這種常見的心理作用，指的是人們往往會在心中高估言行舉止受他人關注的程度。很多人都有過這樣的經驗，在路上不小心摔了一跤，擔心大家看到自己的糗樣，恨不得找個地洞鑽進去，過了十分鐘還在為此感到尷尬不已，但其實根本沒人在乎，一切都是聚光燈效應在作祟罷了。

雖然說是團隊合作，但大多數人其實還是活在自己的世界裡，腦中反覆思考著什麼時候該說什麼話，只在乎自己的表現、他人的評價，根本不太會把注意力放在別人身上。團隊中的其他成員同樣也專注在自己的行為和想法，通常對我們的行為並不那麼重視，所以你也不必指望他們會把你的貢獻放在心上。

有個方法可以避免團隊受到聚光燈效應的影響，就是讓其中一人負責記錄大家提出的構想，以及提出想法的人。這項工作由團隊成員輪流負責，讓所有人都能認知並且突破這種思維偏見。

我自己製作了一份簡單的表格，表格內有兩個欄位，一欄寫「想法」，另一欄寫「誰的想法」，在會議開始前分給每位與會者，會議結束時，我會請大家花幾分鐘填寫，如果過程中遇到意見分歧的情況，也能趁早解決。

• 大部分工作需私下各自完成的團隊

過去十年裡，我一直有在紐約大學教授一門課程，修這門課的學生需分成四人一組完成專題報告，同組人的成績相同。學生都不太喜歡這門課，因為總會遇到幽靈組員，偷懶不做事卻還是能和大家得到相同的分數。

於是，我想出一個辦法，為了公平起見，我請每位學生對自己的貢獻程度進行評分，範圍從百分之零（完全沒做事）到百分之百（做了所有事情），而我也會參考這個評量結果來調整分數。然而效果卻不如預期，如果每位成員的貢獻均等，那平均一人的自評分數應該是百分之二十五，但大多數學生都認為自己承擔了百分之八十的工作，而且完全沒有人低於百分之三十。

這到底是怎麼回事？顯然學生誇大了自己的貢獻，不過這樣的例子並不是少數，人們本來就容易高估自己在整件事情中所起的作用，如果這項工作是由大家各自完成任務後再進行整合，我們自然會認為自己做得比別人還多。

學生準備學期報告的過程中也是如此，組員會分工合作，每個人負責一部分，雖然也會每週見面一次討論進度，但大部分時間都還是在宿舍電腦桌前獨自努力。就如同前面提過的隱形勞動，因為沒有親眼所見，所以變得無法確知各自真實的貢獻程度。

遇到這種問題，不妨請所有人記錄每項任務所花費的時間，這不僅能避免功勞歸屬的問題，還能發現阻礙團隊進步的原因，例如：傑克花了三小時完成的任務，喬西只要一小時就能解決。準確評估每項任務所需時間，才能妥善地進行規劃與安排。

如何避免團隊裡出現功勞歸屬問題

之所以會出現這種情況，最主要的問題在於沒有事先妥善分配任務。接下來會討論如何劃分團隊成員的責任歸屬，以及訂定明確的回報流程，才不會導致日後的不愉快。

• 事前做好工作分配

我們可以先將每位成員該完成事項列出清單，盡可能平均分配工作量，團隊事前先針對這樣的安排彼此溝通協調，達成共識後再開始進行。過程中大家都有自己的責任範圍，分工清楚，各司其職，最後則是請每個人幫自己和其他所有成員評分，確認大家是否都有完成自己分內的工作，做多做少都得回報。

因為整個團隊都知道彼此的工作範圍，而且已得到了大家一致認同，這樣即使有人搶了你的功勞，你也可以拿出證據，還能避免有人做多、有人做少的抱怨，可謂兩全其美之計。

• 不以成敗論英雄

大多數人都習慣強調最終的結果，而不是努力的過程。雖然很多工作還是有必要依照成果來給予獎勵，但若是完全採取這種獎勵機制，不僅大家容易爭搶功勞，還會出現許多把別人踩在腳下的職場惡霸（詳見第四章），他們會為了讓自己的想法受到重視無所不用其極。

在一個由專業人士組成的團隊中，我要他們從彼此提出的想法之中選出一個富有洞見的觀點，該觀點的提出者就能獲得香檳塔慶祝一番，結果大家只是相互較勁，沒有任何實質進展，這種方法影響了團隊整體的表現，所以後來我改變了策略，不再只注重結果，而是更重視過程中所投入的時間與心力，我告訴他們，無論誰的想法獲選都不重要，重要的是大家是否有付出最大的努力，抱持的謙虛態度互助合作，如果能夠做到這樣的程度，大家都能拿到這一季的獎金。

• 定期進行面談以獲得回饋

有時候團隊中存在著不公平的現象，而上司卻對此睜一隻眼閉一隻眼，就會嚴重打擊團隊成員的士氣。只有當每個人都能得到公平對待時，大家才會更願意積極投入工作。不過也有些情況會讓人選擇忍氣吞聲，特別是在成員間擁有良好化學反應的團隊。

我有遇過很多人都是這樣默默隱忍自己的感受，他們知道必須交流彼此的想法才能碰撞出更多火花，並且為了團隊和諧不會因受到不平對待就把事情鬧大，不過當團隊創造出亮麗成績後，他們仍會為此掛懷不已。傑克就是這樣一個人，他忍不住抱怨道：「我每次提出各種好點子，不是被否決就是被偷走，這種感覺真不好受。算了，大家都知道幾乎是靠我一人之力才有今天的成果。」不過我也跟其他團隊成員聊過，每個人都說自己幾乎一手包辦了所有工作。

你可能會擔心，自己提出這樣的問題會不會顯得很小家子氣。在工作過程中為這件事大吵大鬧確實不太適當，但如果這些問題始終得不到解決，團隊裡會充滿了無處發洩的怨氣，久而久之，團隊中的正能量也會逐漸消逝。我們可以建議上司定期進行面談以獲得團隊成員的回饋，稍微了解一下大家的意見，以便及早發現和處理這些問題。

即使是經驗豐富的諾貝爾獎評審，也有可能出錯

一九二三年的諾貝爾醫學獎頒發給「發現胰島素」的兩位科學家弗雷德里克·班廷（Frederick Banting）及約翰·麥克勞德（John Macleod）。

當時還很年輕的整形外科醫生班廷對於萃取胰島素有了一些新想法，為了獲取研究支持，班廷拜訪多倫多大學的生理學系主任約翰·麥克勞德，希望能借用實驗室來驗證自己的假設。麥克勞德當時已經是業界權威，他發現班廷的背景知識很

淺薄，而且構想的實驗方法有很多漏洞，很多可能會有的限制和困難他都沒有設想到。雖然如此，班廷最終還是成功說服麥克勞德提供場地和資源（胰島素實驗所需的實驗狗），還派了一名優秀的學生查爾斯・赫伯特・貝斯特（Charles Herbert Best）作為助手。

麥克勞德讓班廷在暑假期間的兩個月使用他的實驗室，隨後就出國度假去了。而貝斯特協助班廷進行多項實驗，兩人合力完成了許多研究，為最終發現可供臨床治療糖尿病的胰島素奠定了基礎。

麥克勞德九月回來時，很驚訝他們的進展竟然如此迅速，也對他們實驗數據的準確度有所質疑。隨後班廷和貝斯特持續進行了多項研究工作，麥克勞德只是給了他們一些技術上的指導和見解。

後來消息逐漸傳開，一九二二年十一月，榮獲一九二〇年諾貝爾醫學獎的丹麥哥本哈根大學教授奧古斯特・克羅（August Krogh）拜訪多倫多大學，希望能為妻子糖尿病尋得解藥。麥克勞德連續兩天的接待，讓克羅參觀實驗室、客座演講，甚至住在他家。據報導，麥克勞德還花很多時間讓克羅相信他對班廷研究的影響，克羅也透過麥克勞德的管道取得授權在丹麥生產胰臟萃取物純化的方法，不久後，克羅寫信提名班廷與麥克勞德，他們如願拿到諾貝爾獎。

諾貝爾獎委員會公布得獎名單後，班廷氣憤不已。班廷認為這是他跟貝斯特的苦勞，怎麼可以把這份榮譽分給麥克勞德。麥克勞德辯才無礙，不斷聲稱這是「團隊合作」的成果，而班廷的口才本來就沒有他那麼好，他不願在得獎感言中提到麥克勞德，藉此表達不滿。班廷甚至拒絕領獎，但這是加拿大第一次拿到諾貝爾獎，怎麼可以說不領就不領，政府最後好不容易才說服班廷去領獎。

多年後，卡羅琳斯卡醫學院（Karolinska Institutet）內分泌學家、諾貝爾評選委員會主席羅爾夫．盧福特（Rolf Luft）坦承，諾貝爾委員會犯下最嚴重的錯誤是將一九二三年的醫學獎頒給班廷和麥克勞德，該獎項應該頒給班廷和貝斯特。

沒人想變成貝斯特這樣，過了四十年才真正得到平反（不過說句公道話，加拿大很多地方其實都是以班廷和貝斯特命名）。由此可見，掌握發言權有多麼重要，結識有影響力的人並讓他們願意聽你說話，若能像麥克勞德成功說服克羅站在自己這邊，或許就不會落得貝斯特這樣的遺憾。

重點複習

1. 功勞小偷往往是我們身邊很親近的同事、職場導師，或帶著善良面具的媚上欺下者。
2. 通常會從一些小事著手，先試試水溫，看看對方能忍受到什麼程度。他們也擅於掩蓋自己的惡劣行徑，為自己留足後路。
3. 功勞小偷不是只竊取別人的成果，也會適時故作謙虛地歸功於他人。讓上司和新同事對他們留下謙虛的好印象。
4. 確保自己能掌握發言權，說話時會有人認真傾聽，並且記住你說的話。
5. 最好的方法是和公司裡已經掌握發言權的人建立關係，並成為上司遇到棘手問題時會想求助的對象。提供意見時，不要只抓出問題點，而是要進一步針對問題提出解決方案。行有餘力，不妨適時伸出援手幫助默默做事的同事爭取他們應得的功勞與矚目。
6. 團隊合作時，常常難以釐清每個人的貢獻，特別是在由背景與經歷相似之人組成的團隊，會提出相同的構想也是常有之事。

7. 人的思維受到認知偏誤的影響，導致我們容易高估自己對群體的貢獻，總會覺得自己做得比別人多、發揮更大影響力，應該獲得更多功勞。

8. 事前做好工作分配，彼此溝通協調並達成共識，最後得確認大家是否都是做自己分內的工作。

9. 重視過程中所投入的時間與心力，而不僅僅依照最終成果來給予獎勵。

10. 與上司定期進行回饋面談，了解過程中是否出現任何問題，以便及早發現和處理。

第三章 職場惡霸

約翰「曾經」是公司裡的重要人物，他是第一個談到豪華汽車購車津貼的員工，同事為此相當不滿，但大家又能說什麼呢？他不僅談判技巧高超，也對汽車品味很講究，所以也算是有好好善用這筆經費。

約翰剛進公司時的第一個上司是湯姆，他已經是資深的老員工，行為舉止溫和有禮，卻有著粗壯的身材和低沉渾厚的嗓音，顯得不太搭嘎。大家都很喜歡湯姆，他有許多領導者容易被忽略的特質，不僅善於處理人際關係和衝突，還很注重細節，而且基本上是個安分守己、規規矩矩的人。

不過，湯姆有個弱點。

雖然他擅長化解部屬之間的衝突，但如果是自己與他人發生衝突，總讓他難以忍受。湯姆害怕惹別人生氣，特別是他認為別人的情緒是自己造成的，所以跟湯姆談事情時，只要表現得夠堅決，甚至稍微提高音量，他通常都會屈服。

收到錄取通知，踏進公司的那一刻起，約翰就發現湯姆的弱點，他提出了許多不合理的要求，湯姆也都勉強答應了，秘書得為約翰報稅，新來的實習生還要幫他製作家庭相簿。當其他人都在為了爭取獎金而努力工作，約翰只需要不斷消磨湯姆的精神，讓他疲憊不堪，就能得到自己想要的東西。

只要一沒有順約翰的意，他就會開始情緒變得激動，說話的音量漸漸提高，沒有到大吼大叫的程度，但也足以讓人動搖，不斷朝對方逼近，距離近到連毛孔都看得清清楚楚，還會像個沒禮貌的孩子般開始指手畫腳。雖然他這樣的行為並不恰當，但也沒有真正踩到公司的底線，所以也沒辦法採取什麼措施來制止他。

湯姆非常討厭面對這種情況，所以無論約翰要求什麼他都答應了。而只要約翰能得到他想要的，就會心甘情願且很有效率地完成工作，才幹令人望塵莫及，這也是為什麼約翰拿得到高檔汽車津貼，他的工作效率是其他人的五倍之多。雖然約翰的態度讓人不敢恭維，但他也算是湯姆的得力助手，只要湯姆不在，約翰都會接手他的工作，因為其他人若不是經驗不足，就是即將退休，沒人能像他這樣協助湯姆。湯姆心裡也清楚約翰對團隊的貢獻，所以也只能盡量照著他的意思讓他開心。

意外的是，湯姆比原本預計的時間早了五年退休。

退休派對上，大家一致認為約翰將是湯姆的接班人選，令人出乎意料的是，蘇珊接替了湯姆的位置。蘇珊是個公正不阿且堅守原則的人，她不參與那些秘密勾當，面對約翰這種私底下予取予求的人也很有一套，因此能得到這個職位。據傳聞，高層已經有聽聞約翰的惡霸行為，所以他們才會另尋接替湯姆的人選。

蘇珊上任後，約翰一直想找機會與她共進午餐，聊聊他們接下來的「合作計畫」，然而蘇珊卻斷然拒絕了他。一週後，約翰拿著湯姆兩年前寫給他的紙條去找蘇珊，紙條上寫著：「等我退休後，我的辦公室就給約翰了。」蘇珊看完後在內心翻了好幾個白眼，拚命忍住笑意，卻還是忍不住笑出聲來。他們兩人的關係也變得更加微妙。

蘇珊對所有人一視同仁，她訂定了一些規則，避免有人盛氣凌人地把所有好處占盡，也確保公司裡的秘書和實習生不會遭受剝削，這樣的作法讓約翰深深感到恐懼。

約翰真的很討厭被人拒絕，但他拿蘇珊沒轍。既然他那一套手段已對上司不管用，他便另闢蹊徑在其他地方展現出他的控制欲。

約翰堅持加入公司的招募委員會，在招募的過程中，只要求職者與之「理念」不符，都會馬上被他刷掉，理念不符的原因百百種，有一人是因為約翰曾於三年前在她LinkedIn的帖子上發表評論，進而產生爭執，還有一人是因為她在社群平台轉發了約翰宿敵所寫的文章，而讓約翰心生不滿。

約翰說：「真不敢相信她竟然還有勇氣前來應徵。」招募委員會的成員們不敢置信地面面相覷，其中的委員說道：「我根本不會記得我轉發過什麼東西，難道他一整個晚上都在研究求職者的社群媒體內容？」

沒錯，約翰正是這麼做，其他人或許不在意，但他認為有必要透過社群媒體蒐集求職者更多資訊，對他們進行「審查」。

三個月後，由於約翰不願合作公司執行的任何計畫，造成大家在工作上窒礙難行，使整個團隊精疲力盡。約翰也總是在會議上的長篇大論，發洩自己的不滿。幾名員工眼看事情已發展至不可收拾的地步，索性就辭職了。事實證明，如果約翰不能按自己的方式行事，他就會變得瘋狂且失控。

順我者昌，逆我者亡

約翰這樣類似的情況在職場上並非特例，我們都遇過這種同事，擅於爭取各種好處，而其他人則都被蒙在鼓裡，這時候如果出現像蘇珊這種堅決不讓步的人，他們更是會變本加厲。

這些職場惡霸不是只會大吼大叫，他們大多在職場上已經是經驗老道，不惜大展拳腳只為得到自己想要的東西。有些人可能因為擔任過決策的角色，一直放不了手，我們學術界就有很多這樣的人，通常會從「我以前當系主任時⋯⋯」開始他們的長篇大論，就算已經是二十年前的舊事了，他們仍想用當年的經驗來教育現在的系主任該怎麼做。

有些則是在原本的工作握有一定權力，但去到新的環境還放不下身段，無法接受別人不把他們當一回事。

還有一種是因為具備了重要的工作技能，所以比其他人掌握更多決策權，舉例來說，業績超好的頂尖銷售員通常能決定很多事情，包括員工聚會的地點、聚餐邀請的對象，或是下一任執行長人選。

也因為他們大多是團隊中不可或缺的角色，所以能以此威脅上司來達到兩個主要目標：第一，掌管群體決策的過程；第二，讓上司無力阻止他們。有些人會私下威脅，還有些人會在公共場合像隻野生大猩猩般搥胸頓足、張牙舞爪，恨不得讓所有人看看誰才是真正的老大。很多上司都會被折磨得氣力耗盡，最後就跟前文中的湯姆一樣屈服了。

這樣的職場惡霸如果想要的東西沒有得手，絕不會善罷干休。與媚上欺下者和功勞小偷的不同之處在於，他們通常不會試圖掩飾自己的行為，也不怎麼在乎有沒有讓人留下好印象，只要能獲得想要的東西，其他都無所謂。

因此，他們可以說是少見能做到表裡如一的職場小人，檯面上與私底下的行為差不了多少，無論是在一對一會議、團隊視訊會議或公司聚餐，他們都喜歡打斷別人說話、對上司提出無理的要求，或是自顧自地滔滔不絕，浪費大家的時間。

如果發現同事有以下行為，就要特別提高警覺：

1. **他們會和媚上欺下者一樣搶佔先機：**可能會議才進行五分鐘，正當大家都還在自我介紹、彼此寒暄，或團隊正要開始討論提出的計畫時，他們會搶先開口，嘗試主導整個場面。
2. **讓團隊沒有他們就無法運作下去：**喜歡藏私，只有他們知道某種新軟體工具的使用方式，公司的各種密碼也都掌握在他們手裡。
3. **有權高位重的人作為靠山：**你可能會覺得奇怪，他們的小孩怎麼跟執行長的小孩一起打棒球，或是跟人資主管的小孩上同一所大學。他們大多也都曾位居高位，多少能靠些關係來獲得自己想要的東西。
4. **欺壓軟弱的上司，使其屈服：**如果上司只專注於工作、與員工脫節或是逃避衝突，就很容易成為他們下手的對象。

展開行動

有次我跟朋友說，我正在寫該怎麼發現這種欺壓上司和同事的職場惡霸，他笑著說道：「就算相隔千里也能聽到那些人的聲音！這部分根本可以跳過不寫。」

我以前也認為他們像「塔斯馬尼亞惡魔」（Tasmanian Devils），是一種性情乖戾又好鬥的袋獾，受到威脅時還會發出刺耳的叫聲，但現在我覺得用特洛伊木馬來比喻會更為適當，因為他能夠潛入目的地並控制整體運作，導致後患無窮。

而且多數人容易把各種早期警訊合理化。雖然覺得賴瑞發表過多言論，但他身為主管，由他來主導會議談話也是正常的吧？而卡珊卓在人才招聘方面擁有豐富的經驗，既然她能做得這麼好，還堅持自己一手包辦，那又何必讓其他人也知道該如何使用這款新的招聘軟體？

等真正意識到問題時，都已經過了好幾個月，他們已經掌控所有局面。常常開會到最後發現只剩五分鐘，議程卻還有十個事項沒討論到，時間白白浪費掉，有些人可能就摸摸鼻子認了，有些人則會在時間壓力下失去耐心，進而引發各種平時不會有的衝突。

職場惡霸還是挑撥離間的高手，說些「你真的認為凱爾西有把團隊夥伴的利益放在心上嗎？」諸如此類搬弄是非的話，讓周圍的人心中埋下了猜忌的種子。或是在開會前設法拉攏與會的同事，如果十個人之中能有五個站在他們那邊，剩下五個也很難團結起來反擊，甚至不可能獲得發言機會。

接下來就讓我們更深入了解，這些麻煩人物會為組織帶來什麼樣的問題。

• 從一開始就讓團隊對他們產生依賴

團隊剛成立時，大家都會想要弄清楚彼此之間的權力地位和階級關係，有些人自然而然成為領袖，取得團隊的支配權；有些人則易落入追隨的地位，不常參與決策，說出的意見也很少獲得重視。通常擁有相關知識與經驗較為豐富的人能獲得更多權力，但有時候願意承擔別人不想做的事，也不失是個好辦法。

第一章談到及早取得權力的重要性，特別是會議剛開始的前幾分鐘就要搶佔先機。如果能在初始階段就讓團隊成員對你產生信賴，往往會願意給予支持，賦予更多決策權。媚上欺下者會用這種方式讓上司和他們站在同一陣線；本章所介紹的職場惡霸則是希望藉此成為團隊中的支配者，在工作中為自己鋪路，之後無論想要什麼都將更容易得手。

事實上，他們大多數時候都在做一些看似無關緊要的事，像是學習沒人想學的新軟體工具、幫忙維護和更新公司網站，或是每週負責與不受歡迎的人資主管會談，似乎都跟「權力」扯不上關係，但如果沒有他們來承擔這些事務，公司也無法順利運作。蘿拉就是苦主之一，接下來就來談談她的故事吧。

蘿拉告訴我：「有個職位一直空著，我們已經開缺三年了，如果再過一年還是沒有著落，董事會就會把這個職位的預算挪作他用。但這三年來招不到半個人，不曾發出過任何一次錄取通知。」

我們檢視整個流程，試圖從中找出問題所在。我發現每年的應徵者人數其實都非常多，但蘿拉則認為是因為他們的選才標準過於嚴苛，導致徵不到人。我問她招聘工作由誰負責，她笑道：「當然是麥克！他設計了一套招聘程式系統，只有他一個人會用。」什麼系統？

第一年開始徵人時，麥克自己開發了電腦程式系統，這個系統會依照應徵者的工作年資和最高學歷等條件，將履歷資料自動分類並編上索引。多年以來，負責招聘的人一直很希望用這樣的方式簡化和加速招聘流程，剛好只有麥克會寫程式，而且他又願意幫忙。

因為麥克是招聘系統的開發者，所以由他主持招募委員會議，控管委員們對每位應徵者的討論時間。蘿拉說：「麥克通常會花一半時間討論他喜歡的人，但這些人都沒有受其他招募委員的青睞。」當麥克心目中的理想人選落選，他便會讓會議沒辦法順利進行，浪費大家不少時間。

麥克並不是那種有潛力被提拔成為管理階層的人選，但他具備別人所沒有的技能。他憑藉著這項技能，讓團隊對他產生依賴，並享受到隨之而來的權力，進一步掌管集體決策的過程。

因為麥克的特殊能力，讓其他招募委員們陷入進退兩難的境地，因為若是把麥克踢出招募委員會，大家可能得多花二十個小時整理各種資料；若是讓他留下來，又會繼續被他掌控。

• 讓管理層彼此反目來削弱管理者的力量

就算心中有再多不滿，一般員工也不會寄信跟執行長抱怨。因為越級向超過四個層級的長官申訴或抱怨，這不僅會失去主管的支持，也容易失去同事的信任。而那些職場惡霸卻經常這麼做，卻還是能在職場上過得順風順水。

職場惡霸之所以能混得很好，就在於他們大多是資深前輩，早已摸透公司的所有規則和每個人的習性，知道誰是軟弱的管理者，以及如何引發管理階層彼此之間的矛盾和衝突，最後坐收漁翁之利。

我在凱爾身上見識到他們是怎麼用這種方式來達成自己的目標。

戴爾是帶領凱爾團隊的中階主管，上面還有個負責最終錄用簽核的高階主管鮑伯，戴爾與鮑伯因為某些雞毛蒜皮的小事，兩人互別苗頭長達數十年。

最初，戴爾與鮑伯因為想要搶同一間辦公室而發生爭執，雙方種下心結，甚至上演摔盆栽、扔對方馬克杯等劇碼。隨後又慢慢演變成職位上的競爭，戴爾不滿鮑伯的職位比他高的同時，還一副得意洋洋的嘴臉。他們還曾經跟同一個女生約會，兩人都堅稱是自己先開始的，戰火就此一發不可收拾。

因為鮑伯個性比較小心眼，感覺上更容易被利用，所以凱爾選擇鮑伯做為下手的對象。

凱爾私底下跟鮑伯說：「真搞不懂戴爾在幹嘛，常常做錯決定，讓大家自生自滅，我們都快被搞瘋了。拜託你做點什麼吧，我們現在真的需要像你這樣強大的領導者。」

鮑伯聽信讒言，駁回戴爾提交簽核的錄取人選，戴爾為此感到非常憤怒。而事情完全照著凱爾的劇本走，他利用高階主管的自尊心，不費吹灰之力，就神不知鬼不覺地收穫他想要的結果。

聽起來像是媚上欺下者會做的事情，對吧？職場惡霸之所以能走到今天這步，也是具備一定程度媚上欺下的能力。

職場上遇到這種人該怎麼辦？

一旦我們開始反擊，他們肯定會有更強力的動作回應。不過這也不難理解，職場小人都不是好惹的，而且職場惡霸背後大多都有靠山，讓他們靠著豐沛的人脈而無往不利。

難道我們只能默默承受嗎？絕非如此。只不過我們得先權衡利弊得失，知道何者該做，何者不該做，確定哪些部分值得一戰。

要如何知道是否值得一戰？答案取決於他們對你的影響有多大，是只會控制你日常工作中的一些小細節（例如：會議日程、面試時間以及公司聚餐的地點），還是會影響關乎你職業生涯的重大決策（例如：招聘流程、加薪、升遷和管理培訓計畫）。

就我個人而言，我只有遇到後者的情況才會反擊。前面提到過，他們會藉由接下別人不想做的工作來掌握權力，如果連日常工作上的小事都要跟他們翻臉，就要有心理準備那些工作可能都得由你來扛。

想打贏漂亮的第一仗，就繼續看下去吧。

我會先提出「即時」的解決方案，說明如何提升你得話語權。接著會談到「長期的戰略」，知道要做好哪些計畫和準備，才能真正阻止他們對你予取予求。這兩者並不衝突，因為再多的準備都不為過，畢竟他們可是有強大的靠山。

我曾無意中聽到有個職場惡霸跟她上司說：「如果你保持安靜，讓我說話，我之後會讓你好過一點。」

上司急於擺脫她，也只能同意了。

反擊過程中遇到的最大阻礙，通常會是你要怎麼讓他們的那些靠山倒戈，願意站在你這邊。

「即時」解決方案

- **儘早發表意見**

疫情期間，我養成一個壞習慣，因為時常進行遠端視訊會議，所以如果我不想聽某個人說話，我就會在這個人說話時把音量調小。有時候還會無聊到開始計算我把大家「靜音」多久，有次我就這樣度過四個小時耳根子清淨的幸福時光。

如果現實生活中也能按下靜音按鈕就好了。

但這不可能發生，所以只要有人問我：「該怎麼讓那些人閉嘴？」我通常會回答：「比起這個問題，更重要的應該是我們要怎樣才能學會勇敢表達意見，並讓自己的意見受到重視？」

以下會介紹幾種方式，讓大家在會議中願意專注聽你說話。

第一，愈早提出意見愈好。職場惡霸會在會議剛開始幾分鐘力求表現，趁大家還來不及開口搶先發言，你也該這麼做（最好不要表現得太誇張）。有些人或許還不太好意思主動開口，但也別等被點到名才敢講話，這樣可能要等到天荒地老。

第二，如果被打斷，也盡量想辦法不讓他們發言。經過我研究發現，搶別人發言權通常會遵循相同的模式，假如A講話講到一半，被B打了岔，然後B能繼續講十秒鐘不被打斷，那麼B就算是搶到發言權。可以跟幾個同事先講好，如果有人遇到這種情況，其他人就出手相救。在我剛進公司還不敢捍衛自己權力的時候，第一次聽到有人跳出來幫腔：「你能不能讓泰莎說完？」我幾乎要感激涕零。

在視訊會議的時代，這件事情就變得更有難度了。由於大家都顯示在小框框裡，我們已經失去非語言溝通最重要的交流形式：眼神交流。你無法再用眼神和肢體語言暗示：「瑪德琳，拜託幫忙讓這個人閉嘴！」更糟的是，有些視訊會議只會顯示發言者的畫面，一旦發言權被搶走，根本沒有人看得到你。因此，視訊會議更是有必要提前和同事約定好，別指望有人會讀到你的非語言訊息。

第三，必須簡潔扼要地表達。這看似違背了我們的直覺，因為說得天花亂墜、滔滔不絕難道不是更容易說服別人？事實並非如此，人的注意力集中時間本來就很短，馬蒂．內姆可（Marty Nemko）的「紅綠燈法則」就十分貼切地點出了這個事實，談話剛開始的二十秒是綠燈，說什麼都很有成效，接下來的二十秒為黃燈，表示聽眾已經漸漸失去興趣，四十秒過後就轉成紅燈，這時候你還說個不停，那也沒什麼意義了，大家可能都已經開始在想接下來的假期計畫。如果是視訊會議，想必是逛起網拍了。

我在第二章有討論到如何透過掌握發言權，讓功勞小偷無從下手。雖然兩者看起來很類似，但其實不盡相同，第二章的掌握發言權需要平時下足功夫、長時間累積，而本章所談到的則是當下以「快、狠、準」的方式發表意見。

• 告知上司

我跟同事兼好友艾瑞克提到我在視訊會議上使用靜音按鈕的策略時，他大為震驚，並不是因為我這麼做，而是因為他居然沒有意識到自己在會議中浪費了四小時寶貴時間。我提醒他，雖然史黛西於會議裡說了一大堆，但有用的資訊卻非常少，彷彿她只是從嘴裡吐出許多文字形狀的空氣。

大多數人都和艾瑞克一樣，不太注意到別人說話的時間長短。我們會記得他人提出的觀點，但不會記得他們花了多長時間才講到重點。會議通常會變成那些掌權惡霸的獨角戲，而且我在研究中發現，權力高的人會比權力低的人多花三十秒的時間才談到重點。

不過，幾乎不會有人注意到這三十秒就這樣被白白浪費。

該怎麼解決這樣的問題？我在會議前會下載記錄談話時間的應用程式，少一點直覺，多一點證據。如果其他人對前述的情境深有同感，也請他們這麼做。可以在收集到足夠的證據後，就去向上司報告。

那應該怎麼表達比較好呢？我會讓上司知道我是為會議顧全大局，而非出於一己之私，擔心很多人沒機會在會議上發言，導致許多工作的好點子被埋沒。在第二章討論功勞小偷時，我提到過團隊中若有多元觀點將有助於提升決策品質，我也會跟上司特別強調這點。

• 善用問題人物來解決問題

很多時候只是腦中閃過的念頭，我們不一定會說出口，但職場惡霸總是想到什麼就說什麼，常不自覺地把內心的想法一股腦說出來。

你可能已經忍無可忍，想要直截了當地叫他們別在會議上長篇大論，但我並不建議這麼做。我曾經遇過一個職場惡霸，我很清楚他有多愛面子，如果有人直接說他話太多，他肯定會惱羞成怒。所以我有次跟他聊天時，刻意聊到有位新同事總是不好意思在會議上發表意見，然後問他是否能幫忙那位同事。我跟他說：「如果有人打斷史蒂芬說話，可不可以請你挺身而出，讓她把話說完。」大家都喜歡受人重用的感覺，藉由賦予他任務，既能讓他們有用武之地，又能讓其他人有發表意見的機會。而且有些人是真的不知道自己占用了這麼多時間，不妨說服這些人善用他們的長處，對他人有所貢獻。

保護自己的長久之計

• 別過於依賴會寫程式的麥克！

前面提到麥克因為具備別人所沒有的特殊技能，逐漸掌控團隊決策權。當遇到團隊裡有麥克這樣的角色，多數人會抱著「多一事不如少一事」的心態讓他們扛下重任。坦白說，十有八九我也會這樣做。

但這麼做之前，必須先思考幾個問題：這個人平時會對上司予取予求嗎？如果投票結果不合心意，他們是否會堅持重來一次，直到滿意為止？他們是否會打斷別人說話，然後自己講個不停？如果上述回答都是肯定的，那麼就得謹慎行事。

蘿拉和整個團隊需要麥克製作的系統來減輕工作負擔，他們不想得罪麥克，所以沒有將他踢出招募委員會，而是另外制定了一項訓練計畫。讓麥克每週花費幾小時來教導兩位新進員工招募系統的操作方式。雖然後來他因工作輪替而離開委員會，也不至於讓整個團隊青黃不接。計畫一開始時，麥克遲遲不願意放手，但幾個月後發現讓其他人加入可以讓他省下不少時間，所以也逐漸接受訓練計畫的安排。

在團隊的編制上投入越多前置作業時間，能省去越多麻煩。藉由規劃作業流程、建立角色輪替機制，可以避免團隊決策權受制於特定人手中，也不會在工作分配上勞逸不均。當團隊中有人不願分享自己所知的資訊，就得提高警覺，避免讓他們掌握大權。

避免讓職場惡霸單獨掌控的十件事

1. 公司重要系統的帳號密碼
2. 公司網站的維護和更新
3. 新軟體工具的使用方式
4. 「受保護」的檔案（例如：應徵資料）
5. 大家的工作行事曆或工作日誌
6. 電腦程式設計和資料分析技術
7. 公司資料的存取權
8. 老闆每日的行程安排（無論是假裝沒空，還是真的很忙碌）
9. 預算
10. 意見回饋報告

‧散播他們的壞名聲

約翰還是因為沒有取得湯姆的辦公室而大吵大鬧，在蘇珊那裡吃了閉門羹後，他將目標轉向蘇珊的上司法蘭克。約翰當初是法蘭克親自面試錄取的人，而法蘭克通常也都會答應約翰的要求。然而，這次法蘭克並沒有幫他，他的「事蹟」早已傳到公司高層，這也是他們沒有讓約翰接手湯姆職位的其中一個原因。

法蘭克跟他說：「為什麼非得要湯姆的辦公室，新大樓的辦公室不也很好嗎？大家都覺得辦公空間寬敞一點會比較好。」約翰感到很沮喪，但從那時起氣焰也收斂不少，變得好相處多了。

散布其所作所為會是一種很有用的監管手段。雖然職場惡霸不太在乎平輩同事的眼光，但他們可是相當在意高層主管（特別是還有利用價值的主管）對自己的看法。有些時候，僅僅只是威脅要讓他們聲名掃地，他們就不敢太過胡來。

‧結盟

職場惡霸如果做得太過火，往往就會引發眾怒。

還記得前面提到的凱爾嗎？兩位主管鮑伯和戴爾之間的戰火本來就已經熊熊燃燒，凱爾又去加油添醋。幾經操作，團隊其他成員都很不解為何多數人決議出的錄取人選總會被主管駁回，沒有人發現是凱爾從中作怪。

團隊終於得知事情真相（有人在男廁所打聽到情報），決定找機會接近鮑伯，並說服鮑伯他們再這樣繼續針鋒相對下去對任何人都沒有好處。

他們提醒鮑伯：「戴爾想要擴大團隊，這其實也對你有利。」鮑伯雖然不是直接帶領團隊的人，但也算是上級主管，如果能擴大團隊規模，加入更多人才，將專案做得有聲有色，鮑伯也升遷有望。有位同事語重心長地對鮑伯說：「這對我們大家都有利，何樂而不為？」

這個方法奏效了，鮑伯意識到，自己這樣挾怨報復並無法真正得到快樂與平靜。

同樣深受其害的人彼此結盟，大家聯合起來往往更具說服力，也比較有機會把主管拉到同一陣線，不讓職場惡霸繼續為所欲為。

• 儘早制定規則

拉爾森的團隊作出的決策大多是採取多數決達成最終決議，但這只是大家逐漸形成的默契，並沒有明文規定一定要用多數決。拉爾森的上司非必要也不會主動制定正式的流程規範，所以算是不成文規定。有一天，投票表決的結果不如拉爾森所願，他提出異議，要求這項決策要經過全部人一致同意才能通過。有些跟拉爾森交情很好的牆頭草也隨之起舞，結果成了支持和反對拉爾森這兩派人馬的對決。

如果事先制定決策規則，拉爾森也沒辦法鑽這種漏洞，在決策過程中說改就改。要是他們老是喜歡在會議上滔滔不絕、剝奪他人的時間，我們也可以訂定相關的會議規範與之應對，像是每個人都發言一輪後仍有時間，才能進行第二輪發言。拉爾森利用流程不清晰的問題刻意引發衝突；有些人則是藉機要大家用他們的那套規則，還自以為「解救」團隊於水火之中。團隊可能處於混亂失序的狀態，很渴望有原則能遵循，就算那些規則不符合團隊的最佳利益，大家也願意接受。

雖然十多年來大家可能都有共識使用多數決，但這還是與書面形式不同，因為沒有明文規定，所以不具有強制力。不過，現在開始也不嫌晚，大家不妨暫停手邊正在進行的工作與決策事項，先來共同討論訂定規範，盡可能白紙黑字詳盡寫明，也隨時可以視需要增修和調整內容。

• 指定會議計時員

會議上總有人盡是說些無關緊要的話，然後堅持在最後五分鐘討論不在議程內的事情，還察覺不到別人各種細微的暗示（例如：翻白眼、嘆氣）。他們當然也不可能理會馬蒂·內姆可的那套「紅綠燈法則」。

有時大家為了顧及主管的面子，捧場地給予點頭和微笑等正面回應，有些主管卻誤以為是自己發表的內容很有精彩，因此愈講愈起勁。除非有人制止他們，否則真的會沒完沒了。

十分鐘過去，主管可能還在講他三十年前的豐功偉業，而且感覺再持續一個小時仍沒完沒了，這時候就凸顯了計時員的重要性，會議計時員能負責提醒大家依照議程進行會議，嚴格控管每個人的發言時間，我如果有時間就會擔任這個角色，大家都為此十分感激。

• 滿足他們想受人矚目的渴望

有些人其實也無意掌權，只是渴望受人矚目才會急於表現，對這種人就得採取不同的方法，先思考他們的動機為何，是想要受到肯定、被需要嗎？若是如此，不妨多留意要分配什麼樣的工作給他們，不一定是多重要的工作，但一定要讓他們感覺到自己獲得重視且有所貢獻。然後每次會議的十分鐘先讓他們報告進度，滿足他們想要獲得關注的慾望，接下來的五十分鐘就可以好好討論正事了。

我也曾在他們身上浪費許多時間，眼睜睜看著他們掌管了各種決策，小至牆壁油漆的顏色，大至十年招聘計畫，總是事後才感到懊悔不已。

我們可能當下感覺不對勁，但看到其他人無動於衷時，還懷疑自己想太多。還有很多人是想阻止卻無能為力，不知從何處理遇到這些惡霸的狀況。

本章介紹了一些短期及長期的應對措施，若是能付諸行動，將這些行為轉變成習慣，你也能慢慢奪回被浪費的寶貴時間。

重點複習

1. 職場惡霸通常是資深員工，擁有豐富的經驗、人脈和內幕情報，讓他們能夠掌管決策，連上司也無力阻止。
2. 他們所做的第一件事是獲得權力，有些人會透過比別人搶先發表意見這種方式，有些人則是會用自己具備的特殊技能，讓團隊沒有他們就難以運作。
3. 還會進一步掌握決策權，並且主導會議、為所欲為，浪費大家的時間。
4. 第一種應對方式是儘早發表意見，想辦法不讓別人搶走發言權，並在二十秒內簡潔扼要地表達自己的觀點。
5. 多數人都不太會注意到別人說話的時間長短，我們可以和同事一起使用能記錄會議時間的應用程式來收集證據。
6. 透過制定訓練計畫、建立角色輪替機制這類措施，不讓任何人掌控團隊的命運。

7. 做任何決策前先訂定規範，盡可能白紙黑字詳盡寫明，才能避免有人趁機鑽漏洞。

8. 散布其所作所為、讓他們聲名掃地會是一種很有用的監管手段。或是與同樣深受其害的人結盟，大家聯合起來往往更有力量。

9. 有些人只是渴望受人矚目才會急著求表現，幫他們找一份工作，並且每次會議開始就先請他們報告進度，讓他們有「被需要」的感覺。

10. 雖然你可能會覺得為時已晚，但現在開始一點也不遲，我們還有機會從頭來過，嘗試不同的策略。

第四章
搭便車慣犯

法國農業工程教授林格曼（Maximilien Ringelmann）注意到牛隻個別拖拉重物時，總是懶懶散散，三番兩次地在途中停下腳步曬太陽。林格曼心想，牛可能跟人一樣「人多好辦事」，需要藉由團隊精神激勵士氣，所以他進行了一項實驗，讓牛以團隊合作的模式拉重物，結果非但沒有達到預期的效果，牠們還變得更加偷懶，三四頭牛合力和一頭牛單獨工作的速度居然一樣。

那人呢？人類應該跟農場裡的動物不一樣吧？

林格曼邀請了二十位年輕人進行首次實驗，比較一人組別、二人組別以及多人組別的拔河比賽，觀察參與人數，是否會對參與者有什麼影響。結果發現，參加拔河比賽的人數愈多，每個人所付出的力氣反而愈少。在八人組成的團體中，個人投入的精力比單獨行動時少了一半。

也就是說，團體中愈多人合作就愈容易有人偷懶，這一效應後來又被不同的科學家反覆驗證，實驗結果被稱為「林格曼效應」（有趣的是，林格曼實際上並不是心理學家），這種現象又稱為「社會性散漫」（Social Loafing）或「搭便車問題」（Free Rider Problem）。不分文化、階層，各行各業只要是有賴於團隊合作的工作，都會出現這種問題。

你的就是我的

我曾經在職場中遇過很多搭便車慣犯，現在回想起來，常常還是想不透他們為什麼總能僥倖逃避工作。

我原本以為這只會出現在氛圍本來就鬆散、懈怠的團隊，強大的團隊不可能會有這種事發生。然而並非如此，良好協作的團隊其實更容易讓人有坐享其成的機會，這種團隊往往具備三大特質：責任感、凝聚力和集體獎懲。如果你所在的團隊有這些特質，雖然不能說絕對會遇到，但勢必有一定程度的風險。

所以說單獨工作就不必擔心嗎？當然不是。許多搭便車者也會以個人為目標，他們通常是空降主管或新進人員，急於讓人看到他們的工作成果。職場上慷慨大度、不懂拒絕的爛好人經常是被鎖定的目標。

要點就在於有沒有及早發現搭便車者的存在，並採取預防措施，更要拉出絕對不能讓步的底線，讓對方知道你不好惹。

本章希望提供一些應對方法，讓他們無法再坐享你努力取得的工作成果。不過，我會先深入探討容易產生搭便車行為的外在環境因素。

如果發現有以下情形，就要特別提高警覺：

1. 搭便車者通常會搶著做表面上看起來很重要，實則不需要付出太多努力的工作：非常擅長擔任年會的演講者和主持人，但繁瑣的前置作業準備好像都不關他們的事。

2. **職場過於注重團隊合作，而沒有重視個人的貢獻：**依團隊表現發放獎金、講求團隊合作精神、不在意個人責任歸屬的公司是他們的最愛。

3. **他們在職場上很早就「少年得志」：**可能因為擁有某些專業知識及技能，大學畢業初入職場就賺到一筆大錢，卻也因此有了大頭症。

4. **和媚上欺下者一樣，主管看著他們時表現得很賣力，其他時間則是混水摸魚：**和主管開會時往往能提出創新獨到的見解，會議結束後就別指望他們有任何貢獻了。

讓團隊中搭便車現象逐漸滋長的三大特質

- **責任感**

責任感是職場佼佼者大多會具備的一個特徵。大家都喜歡與責任心強的人一起工作，他們可靠、紀律嚴明，能讓團隊快速步入軌道。如果團隊中有一個這樣的人，他們通常會扮演主導的角色。

如此一來，就為搭便車者創造了投機取巧的大好機會。

此話怎講？盡責的人會願意多做一些事情，來彌補成員的不足，以順利完成團隊的任務。想像一下有隻飢餓的熊破壞了蜂窩，辛勤的蜜蜂會一心一意努力修復蜂窩，連偷懶的蜜蜂那份也一肩扛起，甚至有可能過度補償，建造出的蜂窩甚至比原本的更加堅固。

職場上也會出現這種情況，設想有個五人組成的團隊，其中一人完全擺爛，照理說其他四人會平均分擔搭便車者本該負責的百分之二十五工作量（每人約百分之六）來彌補那個人偷懶的部分。但奇怪的是，他們卻都做超過百分之六。要是沒有那些不勞而獲的人，團隊能做到的程度絕對不只現在這樣。盡職盡責的人通常對自己要求特別高，而且害怕失敗，遇到這種情況會刺激他們想要更努力、更盡責。

因為有他們加倍努力來彌補團隊的不足，結果反而比沒有搭便車現象的團隊有更好的表現，也獲得更多讚賞。

我職業生涯中遇過最精明的搭便車者絕對非德瑞克莫屬，他有長達兩年的時間幾乎沒有完成任何工作。

德瑞克文筆很好、幽默風趣，但同時也「樣樣通、樣樣鬆」。他最擅長指派任務、交辦工作，總能找到合適人選來承接各項工作，安排得妥妥當當。德瑞克常用這三招：第一，針對部屬的貢獻給予讚賞；第二，在電子郵件詳細列出每個人的工作，但絕不會算自己一份；第三，專門負責一些只需要展現魅力的「工作」（有人幫忙寫講稿，讓他在台上盡情表現）。德瑞克看起來在工作上有所表現，也很受人歡迎，完全顛覆了搭便車者終日無所事事的刻板印象。

德瑞克將工作平均分配給十個人，大家也都很負責任，所以沒有人因工作負擔過重而感到不對勁。是到了後來公司裁員時，團隊從十人縮減至四人，才慢慢有人開始注意到德瑞克只會出一張嘴，其實什麼事都沒做，而這時候他已經坐享其成整整兩年時間了。

• 凝聚力

凝聚力是維持團隊存在的必要條件，喪失凝聚力的團隊如同一盤散沙，難以溝通且工作效率低落。職場上，凝聚力通常能有效抑制搭便車行為的發生，因為團隊成員彼此之間感覺愈親密，就愈有動力一起為團隊目標而努力。

不過，一旦彼此熟絡起來，關係變得緊密，心思便不容易放在工作上，而是會花比較多時間社交互動。想在工作中交朋友也是很自然的事，有百分之十至二十的人是在職場上遇到自己的另一半。然而，大家打成一片、相處融洽，往往會因此放鬆警惕，不太會去注意誰做了哪些工作，就算真的發現有人混水摸魚，也有可能為了維護情分而不去舉發，以致讓搭便車者有機可趁。

我以前在職場上也有過類似的經驗，雖然有人成天打屁聊天、談論上司的感情八卦，但團隊整體表現亮眼，感覺大家都有出一份力，但現在仔細回想起來，才發現他們根本什麼也沒做，真正在做事的都是我們這些認真負責的人。

卡蘿琳就是這樣的人，她討人喜愛、人緣很好，在社交方面得心應手，但在工作方面卻完全不行，遇事容易不知所措，只要有點壓力就崩潰大哭，還會在關鍵時刻情緒失控。比起要她協助處理團隊工作，還不如讓她待在一旁休息或幫大家訂晚餐會容易些（卡蘿琳是個吃貨，所以也算是有讓她發揮所長）。

我們後來有給她一點壓力，要她多少對團隊有些貢獻，但她總是能找到各種看似合理的藉口（「很抱歉，昨天因為網路出問題，所以沒辦法參加線上會議」或「我上週有其他工作要趕在期限內完成，所以現在才有時間來幫忙大家」），從來都不承認是自己的問題。

卡蘿琳讓我想起了北卡羅來納大學布萊恩商學暨經濟學院教授瓦西爾・塔拉斯（Vasyl Taras）和他同事的研究，他們訪問了七十七名搭便車者，儘管許多強而有力的證據（例如：每週多次遭投訴）表明這些人在團隊中確實沒做什麼事，但只有百分之三十五的人願意承認，百分之四十三的人表示這並不全然是事實，百分之二十二的人完全否認到底，要讓他們承認自己的行為真的很難。

瓦西爾和他同事的受訪者也和卡蘿琳一樣，尋找各種貌似合理的藉口來為自己開脫。有些人會說他們忙於其他工作；有些人則是通訊軟體總會出現各種問題。

我們一般會認為這些人應該跟其他團隊成員處得不好，其實不然。瓦西爾也在研究中發現，只有百分之七點八的搭便車者曾與人發生衝突，大多數人都還是能像朋友般相處融洽。

• 集體獎懲

過去一年來，我注意到集體獎懲制度漸成趨勢，有研究指出，超過一半的上市公司採用不同程度的集體績效給薪（PFP）方案，也就是企業會以團隊績效為依據來給予薪酬獎勵。若是採取反應個人績效表現的獎酬制度，職場文化會比較傾向為達目的不擇手段、不願承認錯誤、助長嫉妒心理，同時也容易產生怨恨情緒。相較之下，集體獎懲更能激勵大家朝著共同的目標而努力。

一旦人們意識到只有團隊其中一人能獲得獎金，往往會變得像《蒼蠅王》裡的男孩般彼此爭奪、自相殘殺。更糟的是，有些公司會利用同儕評鑑（團隊成員為彼此提供評量）選出評分最高者給予額外獎金，或是更高的加薪幅度，這種方式足以毀了整個團隊的動力和士氣。如果每個人都有為團隊的成功做出相應的貢獻，那集體獎懲應該會是較為公平的制度。

然而集體獎懲也有其問題，因為容易分不清誰做了什麼，大家也會因此失去社會學家所謂的評量潛能（evaluation potential），也就是喪失評估衡量個人出力程度的能力。「評量潛能」是揪出團隊中社會性散漫（亦稱搭便車）很有效的一種指標，但集體獎懲制讓個人貢獻變得無關緊要，往往也愈容易有人偷懶。

這其中的邏輯顯而易見，但還是有許多老闆認為，團隊應該要為了整體利益而共同努力，不應針對個人的工作表現加以評量。這種作法相當危險，尤其是有些人本來就缺乏內在動機，工作上總提不起勁，一直覺得自己可有可無，最後他們也乾脆擺爛，反正是以團隊整體表現給予獎懲。這也在無形中助長了搶功勞的風氣，功勞小偷最喜歡這種不強調個人貢獻的環境。

一九九〇年代我讀高中時，曾在一家錄影帶出租店打工，其中一項工作是要手動將VHS錄影帶倒帶到最前面，才能再放回架上讓下一位客人租借，雖然錄影帶上貼有「請好心倒帶」的標籤，希望客人還片時先倒帶好，但幾乎沒什麼人會真的幫忙倒帶。大約兩百個錄影帶平均分配給一起輪班的五個人處理，起初，我都會很認真地把自己負責的那份整理好，但一個月後，我發現老闆並沒有追蹤這項工作的進度，獎金的發放取決於整家店出租的錄影帶數量，無論倒帶上架的速度多快都不會有影響。後來我也開始與同事打屁聊天，談論想跟誰一起去參加舞會。因為這家錄影帶出租店不重視個人努力，所以也沒有員工願意「好心倒帶」了。

集體獎懲本身並不是壞事，只是不能完全忽略個人貢獻。球隊裡要是有一兩個明星球員，大夥可能會覺得，既然他們就能帶領球隊獲勝了，自己又何必拚得汗流浹背？

常會採用集體獎懲制度的團隊

團隊主要分成以下兩種類型：實際做事的團隊（行動或製作團隊）和進行決策的團隊（專案團隊），集體獎懲在這兩者中都很常見，以下我舉幾個例子說明。

1. 產品開發團隊：團隊要一起「創造新事物」。
2. 銷售團隊：團隊必須達到某個銷售目標才能獲得獎勵。
3. 製作團隊：整個大規模團隊會再細分成許多小組別，所有人共同努力來完成某件大事，比如拍電影。
4. 招聘團隊：為了在一定時間內完成招聘任務。

努力到一定程度，就能不用做事也坐領高薪

在矽谷，像Google這樣的科技巨頭為了留住眾家爭搶的全球頂尖人才，祭出高薪不手軟。因此產生有一群工程師拿著高薪卻不需要做太多工作，為公司帶來巨大的損失。

這就是所謂的「躺著數錢」（rest and vest）文化。

正如一位Google工程師所說：「如果薪水已經高達五十萬美元，調升幅度相當

有限，怎麼還會有動力努力工作？」

紐約大學也有同樣的問題。因為紐約房價相當昂貴，所以學校會提供高額補貼的公寓給教授，來招攬和留住人才，這樣才能與美國其他住房較便宜地區的大學競爭。問題在於，這些教授退休後必須要搬離學校提供的公寓，再加上任期受到保障，因此他們都不願退休，但也沒有做好自己的份內工作。就和矽谷的那些工程師一樣，坐擁高薪和豪華公寓，過得安逸反而失去了動力。

為什麼公司會制訂這樣的政策？很多領導者向來是愛才惜才，認為給這些人才好的工作環境，會讓他們心情愉悅進而產生源源不絕的動力和靈感。也就是說，他們認為天才肯定在各方面表現都超乎常人，怎麼可能會怠惰。可惜人的本能往往是懶惰的，即使是天才也不例外。

這就像是孩子還沒把作業寫完，你就先給他點心吃，巧克力都已經吃進肚子裡了，怎麼還會有動力繼續寫作業？

只有被看見時才會積極表現

美國俄亥俄州立大學菲舍爾商學院教授羅伯特・朗特（Robert Lount）和他的同事偶然發現一個奇特現象，無論是哪種類型的團隊，位高權重的人只有在工作表現會被看見時，才會善盡自己的本分。不會被看見的部分，他們就容易偷懶。就連消防員這類高風險職業也會出現這種情況。

原因很簡單，我們都期望地位高的人能拿出更好的表現。他們也是因為當初表現優異，才有今天的地位。若為了讓自己立於不敗之地，就得「在大家面前」加倍努力。

以前總認為，專業團隊都是由專家組成，位高權重的專家肯定做事認真負責，無論有沒有受到關注都會努力工作，我們只會特別注意地位較低的人，因為這些人尚未證明自己的價值，感覺對組織的忠誠度也沒那麼高。然而，羅伯特的發現讓我們了解到，地位高的人雖然也曾積極賣力，但在職場上爬到一定職位後，他們卻不一定能繼續保持原先的衝勁。

前面提到整整兩年沒做什麼事的德瑞克就是利用了這一點，大家總會覺得，他以前工作盡心盡力，升上小主管後應該也不會差太多吧，對他的印象還停留在以前積極進取的態度，殊不知他早已變得投機取巧。我們思維中存在的某種偏見，看到的通常是自己想像中別人的樣子，但他們不一定真的是這樣的人。而我們花了幾年時間、經歷幾次裁員後，才終於意識到這件事。

設定界線

1. 如果搭便車者拜託你幫忙收拾殘局，還要你不能告訴別人，千萬要拒絕！因為私底下幫忙他們對你有害無益。
2. 如果搭便車者問說，安排聚會活動能不能算作他們工作表現的一部分，千萬別答應！雖然他們想這樣做值得被感激，但這些事對團隊的工作進展毫無助益。

3. 如果搭便車者自視甚高，堅持他們不用藉由做更多工作來「證明自己」，別理他們！無論是怎樣的出身，人人都要有所貢獻。
4. 如果認真負責的團隊成員跟你說：「與其逼迫傑克做事，不如我們把他的工作分一分做了還比較快」，不要答應啊！因為傑克一旦嘗到甜頭，便會食髓知味。
5. 如果老闆或上司說：「團隊每個人各自貢獻所長，別太計較，我會均分獎金」，（禮貌地）提出異議！因為這種團隊恰是搭便車者的最愛。

搭便車者退散

既然已經知道團隊容易出現搭便車者的原因以及他們的動機，那該怎麼預防呢？這裡將介紹避免這類事情發生的四步驟。

• 第一步：定期進行公平性檢查

想遏止搭便車行為，最基本的原則就是講求公平，無論是工作分配、獎勵發放或最終決策方式都必須力求公平，如有不公平的現象，便會降低大家工作投入的程度，也會有人開始打混摸魚。

如果你覺得團隊裡有搭便車者，可透過下列兩個作法來檢查公平性。無論團隊工作進行到什麼階段，隨時都可以開始進行這項檢查。

第一部分：專案開始時，請團隊成員一起列出每個人的工作清單，以便我們知道誰負責哪些任務。

第二部分：專案結束時，請團隊成員填寫簡短問卷來確認每個人的進度。問卷包含以下四個問題：

1. 完成了工作清單中的哪些項目？
2. 過程中是否有遭遇意料之外的阻礙（例如：某些工作花了比預期更長的時

間）？

3. 有沒有幫忙處理別人的工作？如果有，你做了哪些額外工作？

4. 有沒有觀察到其他團隊成員在做不是他們分內工作的事？（最後這個問題在凝聚力強的團隊尤其重要，團隊成員們彼此感情很好，大家通常會覺得自己幫幫朋友只不過是舉手之勞，但如果看到別人遇到這種情況，或許會比較願意舉報。）

這四個問題會是檢查團隊「健康狀況」的核心指標，其中蘊含著能讓我們及時發現搭便車行為的重要警訊。如果上司願意參與這項公平性檢查，那再好不過，然而即使沒有上司參與，團隊也可以自行檢查。每次不妨換不同的負責人進行團隊健康檢查，效果更好。

我常在想，如果德瑞克團隊有進行公平性檢查，那情況又會是如何。德瑞克的工作清單完全空白，其他人回答第三題時，答案應該都是他們有幫忙處理別人的工作。實際上，幫德瑞克做他那份工作已經變成大家的壞習慣。研究指出，我們養成某種習慣迴路後，就不會再去思考，變成一種自動自發的行為。就像問菸癮重的人今天抽了幾根菸，他當下肯定答不出來，還要算一下才回答道：「十根，一不注意就抽了半包」。

把一切攤在陽光下接受檢視，才有機會擺脫積習已久的壞習慣。如果團隊習慣性地接受有人搭便車，公平性檢查能幫助我們及早發現問題並提出解決辦法（稍後會詳細介紹）。

有些人可能會擔心被貼上「管太多」或「不信任團隊」的標籤，所以還在猶豫是否要提議進行公平性檢查。在比較隨興、且戰且走的組織中，更加劇了這種擔憂。我建議先與一些成員私底下進行一對一交談，聽聽他們的意見。一定有人也早已忍耐許久，並想要改變現狀，就找這些人談吧。理想情況下，應該能找到幾個受人尊敬的團隊成員願意支持你。

提出建議的過程中難免會遇到質疑和反對聲浪，通常反對的人本身就有大有問題，這些改變能讓他們徹底現形。你所要做的就是盡可能爭取支持，當支持的力量大過反對聲浪，公平性檢查就能順利進行。

● 第二步：無論工作有多混亂，都要確實記錄內容

如果工作的不確定性較小，就可以用我前面提到的兩個步驟來檢查公平性。然而，並不是所有工作都能提前去規劃每週任務清單，有些工作節奏很快，沒到最後一刻都還會有變數，每天醒來都不知道會發生什麼事情，消防員的工作就是如此。

這種情況下，與其一開始就列出每個人被安排的任務，不如等忙完之後再把工作內容記錄下來。因為人們常誤以為自己已記住某些事項，但其實記憶很容易出錯，尤其是經歷了一天的兵荒馬亂之後，所以事後查核也很重要。最好在展開工作後就馬上記錄，瓦西爾·塔拉斯訪談搭便車者時發現，大多數人在工作開始前會強力否認，等到正式開始進行才比較願意承認。

不論有沒有搭便車者，負責任的人都特別容易被要求「能者多勞」。美國密西根州立大學商學院教授周熾和她在杜克大學的同事發現，處在高壓的工作環境中，較負責任的團隊成員會自然地分配到更多的工作，儘管他們已做到累得半死，依然會要求自己在每件事情上盡善盡美，而上司也知道他們無論如何都會把事情做好。

「能者」在壓力下還是把事情做得又快又好，上司也因此大大低估了完成工作所需的時間，最後還要將成功的果實與混水摸魚的人共享。

說起來，我對我的團隊有點不好意思，我曾針對產業會議進行過一項實驗，與會者都是執行長或高階主管，但我研究團隊的成員們被指派要去請他們用流口水的方式直接讓唾液流入試管內，我需要用這些唾液樣本進行皮質醇水平測試來了解他們的壓力程度。

這項研究實在不是個好主意。想像一下，大家聊得正開心，突然有個研究助理走到你面前說：「請將唾液流進這個管子裡。」結果可想而知，完全亂成一團。研究團隊中比較積極的人在會議期間非常認真地協助與會者採集唾液，有些人則是跑去星巴克偷懶，索性來個眼不見為淨。最後我們好不容易花了六個小時收集到六十管唾液樣本，但我卻一點也不記得誰做了哪些事。這也驗證了周織及其團隊的研究發現，團隊在壓力下做得愈好，我交付他們的工作就愈多。我也因為沒有記住他們各自的貢獻，所以獎勵最終還是人人均分。

你的上司在高壓的狀態之下，肯定也容易和我一樣，因為過於緊繃而忘記誰做了什麼。作為上司，我也非常需要執行公平性檢查，好讓我了解當時哪些人付出了更多。

• 第三步：刺激良性競爭

雖然一般人認為競爭不利於團隊合作表現，但有研究指出，良性競爭能大大減少搭便車現象發生的機率。如果團隊內部創造良性的競爭環境、適度的社會比較心理，就能推那些偷懶的人一把。

有些公司會針對員工的表現進行評鑑和排名，因為排名墊底實在太丟臉，大家往往會為了保住尊嚴而變得積極負責。

不過，將排名公之於眾也不是件好事，你可能以為排名殿後的人會因此奮發向上、急起直追，但結果往往不是如此。

普渡大學經濟學教授大衛．吉爾（David Gill）及其團隊研究發現，公布排名可以激勵團隊前幾名和最後幾名成員，卻會使其他的人失去動力。表現優異的員工通常無法接受失敗，所以會更努力維持自己的排名；表現靠後的員工則是怕工作不保，也會稍微加緊腳步跟上大家。但大多數員工都是介於這兩者中間，發現自己表現平庸而感到沮喪，覺得反正自己也贏不了那些優秀的人，反而會因此失去超過百分之十的動力。

• 第四步：工作過程中慶祝每個達到的小小里程碑

一九六〇年代曾有一項實驗，研究人員先讓老鼠學會只要按下按鍵，就能獲得食物的裝置。然後在籠子裡放一碗食物，老鼠可以選擇要直接吃那碗食物，還是按按鍵來獲得食物。大部分的老鼠都會特地去按按鍵，也就是說，動物本能上喜歡透過勞動或付出的代價來取得更多報酬，這稱之為「反不勞而獲」（contra-freeloading），在動物界裡是很常見的現象，對鴿子、長頸鹿、鸚鵡和猴子等動物做這項實驗也得到了同樣的結果（貓咪例外，如果有食物放在貓咪面前，當然是直接開吃了，怎麼可能還去按按鍵，各位貓奴們應該也不會對這個實驗結果感到太意外吧）。

人也是如此。說到員工激勵，多數人首先想到的就是物質上的金錢獎勵，但過度給予金錢獎勵可能還會造成反效果，矽谷「躺著數錢」文化即是一例。實際上，如果員工對工作有熱忱、能夠樂在其中，他們也會有「反不勞而獲」的行為效應。舉例來說，許多頂尖銷售員就算已經達到當月業績抽成的上限，還是會用心做好每一個銷售流程，他們享受的是這整個過程，因為受到客戶的認同和看到成交結果會讓他們感到很有成就感。

也就是說，人要是真心喜歡自己的工作，就不太會有不勞而獲的想法。員工擁有的自主性愈高，愈能讓他們樂在工作，透過給予彈性工時的安排（例如：十點至六點、十二點至八點）、根據完成的工作量計算工資（而不是根據工時），或是設有零食櫃和舒適的休憩區，只要在辦公室擺上一台膠囊咖啡機，員工每天能省下買咖啡的錢，工作期間也會更加快樂。

而公司推行大型專案時，通常會細分為多個小專案給不同團隊分工合作，我們僅參與其中的一小部分。這時候可能會因為目標過於遠大，在執行的過程中看不到方向和盡頭，導致失去持續下去的動力。所以說，與其把心力放在遙不可及的遠大目標上，不如在過程中慶祝每個達到的小小里程碑，給予專案團隊肯定與鼓勵，讓大家更全面了解專案的運作，都有助於提高動力。

此外，還要想辦法讓員工遠離工作倦怠，避免工作內容過於單調乏味。與其日復一日地做重複單一的工作，不如讓他們有機會參與到不同面向的事務，鼓勵大家換換工作環境，不要一直待在辦公室位置上，可以嘗試去公共空間或戶外辦公，或是多變換不同的溝通媒介（疫情期間長時間遠端工作，會讓人產生疲勞感，因此出現了「視訊會議疲勞」一詞）。

我曾經進行一項寵物相關研究，我的團隊雖然對這項研究興趣缺缺，卻沒有人主動告知不喜歡這個研究主題，只是工作態度逐漸變得不積極，特別在我不注意的時候更是如此。而且這項研究需要蒐集一百位參與者的資料，步驟相當繁瑣冗長，又需要注意很多細節，更是讓大家提不起勁。

為了提振士氣，我改變了作法，每完成一些小目標，就給予成員一些小獎賞，比如每次蒐集完十位參與者的資料，我就會訂披薩犒賞大家。另外，我原本都是根據團隊夥伴的工作安排來劃分職責，但我後來慢慢去了解每個人比較喜歡哪方面的工作，有些人喜歡協助受試者穿戴生理量測設備；有些人喜歡攝影紀錄或設備檢查這類不太需要與人接觸的「幕後」工作，我變成依照個人喜好來分配工作。

大家開始真正享受自己正在做的事情，還會在完成份內工作之餘，主動幫忙別人的部分，讓團隊的研究工作能更順利進行。

怎麼對付只會坐享其成之人

我們從小就被教育「新教工作倫理」（Protestant Work Ethic），這並不是宗教，而是一種「勤奮工作即榮耀」的觀念，強調努力工作是人的神聖使命，並且相信世俗成功是一條通往救贖的道路（不論好壞，童年經驗形塑了我們對這個世界的認知）。

跟我一樣被灌輸這種觀念的人大多無法容忍搭便車行為。我們會想要公開揭露或羞辱他們，來達到遏止的效果。然而，公開糾正通常只適用於極端不當的行為（如性騷擾），多數時候當眾指責並不是好作法，當對方覺得在眾人面前丟臉，往往會以逃避、抗辯及麻木來面對。

德瑞克就是出現這樣的反應。團隊成員仙黛爾發現德瑞克的搭便車行為後，感到氣憤不已。

仙黛爾在走廊跟她的同事兼好友米娜哀嘆道：「德瑞克居然把所有工作都丟給他的新實習生，真希望這懶鬼被炒魷魚。」接下來幾週，仙黛爾仍不斷到處講這件事，八卦很快就傳遍整個辦公室。

德瑞克有因此改變嗎？完全沒有。得知自己臭名遠揚後，德瑞克覺得大家都偷偷私底下討論他的事情，十分沒有面子，使他無地自容，所以和團隊愈來愈疏離，不想跟大家有所接觸，做的工作甚至比以前更少。

而米娜嘗試了另一種方法。她找了海蒂幫忙，海蒂擁有一張可愛無害的臉蛋。為了不讓德瑞克覺得大家聯合起來對付他，她們先派出海蒂單獨和他談談。

「德瑞克，我想跟你聊聊。」海蒂說。「我們知道你可以為團隊帶來相當大的助益，有源源不絕的創意，客戶也很喜歡你，還很擅長演講。但最近我們覺得你對團隊的事愈來愈漠不關心，其他人因此必須承擔更多工作。」而海蒂隨後也讓德瑞克有解釋的機會。

搭便車者不一定帶有惡意，有些人可能是因為工作或生活上有太多其他事情要操心，所以會想要能少一事就少一事，不妨藉由這樣的談話來了解他們遭遇的困難，並協助他們克服。就德瑞克的狀況而言，他其實也講不出什麼合理的藉口，但重要的是海蒂能先讓他卸下心防，之後大家就能一起想辦法解決問題。

我們從瓦西爾·塔拉斯及其團隊的研究中，可以了解到搭便車者大多都不會承認錯誤，所以指出這些人問題時，他們往往會為自己辯解，就算有些人的藉口聽起來很具有說服力，也別讓他們輕易脫身，而是要先讓對方感覺受到重視，再一起安排工作計畫，幫助他們調整步調，慢慢找回工作動力。

只有在對搭便車者以禮相待還是無法解決問題的情況下，我們才需要不留情面地當眾指責。我在第一章有談到如何向上司報告媚上欺下者的問題（「心平氣和地跟上司溝通」這部分），那些建議在這裡也適用。因為你不了解上司的立場，而且就某些層面來說，上司放任不管才會變成今天這種局面，他們也要負部分責任，所以若劈頭就指責、批判搭便車者，甚至作出人身攻擊，也會讓上司沒有台階下。批評人之前應表揚在先，先提出他們的優點，再指出問題，然後提供具建設性的解決方案。上司都忙得很，如果能提出中肯的建議而不只是提出問題，他們應該會更願意聽聽你的抱怨。

時間小偷

並非在工作團隊裡才會遇到搭便車的人，也有可能是其他同事、熟人和朋友的朋友，把你弄得精疲力盡，偷走你的時間。

我先生傑伊就是這樣的濫好人，很多人都會找他幫忙，他行事曆上有個「與創業者共進午餐」的行程，他大學摯友的朋友剛創業，週末來紐約的時候想跟他尋求創業的建議（傑伊說因為是摯友的朋友，無論如何都應個要去碰個面），還有人因為想申請研究所，所以來詢問他該怎麼準備，另一人則是想向他請教如何提升Podcast的聽眾人數。可以說，傑伊的時間都被一點一滴地「偷」走了。

如果某個人有一定社會地位，又是出了名的樂於助人，就容易有各式各樣的請求找上門來。在我認識的人當中，只有傑伊會回應所有請求，部分原因是「多數無知」（pluralistic ignorance），他以為大家都會這麼做，另一部分原因則是他比一般人更樂於奉獻（沒辦法，畢竟他是加拿大人）。

我提醒他，職場上多數人其實都跟我一樣，散發一種「離我遠一點」的冷漠氛圍。我的電子信箱裡還躺著上千封請求幫忙的未讀信件，但傑伊一封都沒有，他早就全部回覆完了。

傑伊遇到的時間小偷百百種，有些同事碰到問題懶得自己想辦法，就會直接找他幫忙（也許他們同時寄給五十個人，但只有傑伊會認真回信）。這些人很好對付，只要回一封信教他們怎麼使用 Google 搜尋答案，雖然這樣調侃對方感覺有點苛薄，但也能確實解決麻煩。

還有些積極主動的人因為渴望提高自己的地位，所以會想盡辦法接觸到身分地位更高的成功人士，向他們討教秘訣。這也合情合理，許多人認為多認識人是成功的第一步，好像跟愈多人攀上關係就愈有機會，有些人還會在酒吧裡亂槍打鳥，總會遇到有人給予回應（傑伊就是會回應的那種，某個高中生就是在紐約大學的研究室主動找傑伊聊天而結識）。

避免花太多時間與這些搭便車者打交道，讓自己每個月只回應一定數量的請求（譬如說一個月最多五個），再多就不行了。你可能會因此感到內疚，擔心沒有自己的幫忙，別人就會完蛋，但其實這些人沒有你還是會找到辦法的。

拒絕之後，別繼續與對方來往或過多互動，時間小偷就像聰明的電話銷售員，深知通話時間愈長，成交機率愈高的道理。

若是在辦公室工作，還很容易有時間小偷不請自來。總是有人「順道拜訪」傑伊（我就沒有這個問題，我都把門關緊）。他犯的第一個錯誤是邀請他們「坐下」，一旦屁股坐到椅子上，就像黏住了一般，很難讓他們離開。我教傑伊與對方在辦公桌和門之間的尷尬空間進行簡短的交談。站立談話比較沒有那麼舒適，自然能縮短談話時間。

我曾浪費許多時間為搭便車者找藉口，相信不少人也是如此。搭便車者大多是受歡迎、有魅力的人，只是在時間管理方面遇到困難，或是不知道怎麼面對並正確地處理工作壓力。了解怎麼樣的團隊容易讓人有坐享其成的機會，就能及早做好應對策略來預防這種情況發生。

重點複習

1. 強大的團隊其實也更容易讓人有坐享其成的機會，這種團隊往往具備三大特質：責任感、凝聚力和集體獎懲。
2. 特別要小心那些聲譽良好的同事，他們曾在工作上有所表現，也很受人歡迎，完全顛覆了搭便車者終日無所事事的刻板印象。
3. 地位高的人雖然也曾積極賣力，但爬到一定地位後，不一定能繼續保持，他們通常只有在被看見時才會積極表現。
4. 如果老闆或上司放任不管，沒有自上而下的監督，懶鬼就會利用團隊的責任感、凝聚力和集體獎懲制度，一旦這種現象得不到有效的遏制，不好的風氣也會傳染，到最後所有的人都會偷懶。
5. 我們可以藉由公平性檢查了解個人出力的程度，及早發現警訊。
6. 雖然有些工作很難提前計劃好，但可以在展開工作後就馬上記錄下來。上司通常不會記得誰做了什麼，大家的記憶也容易出錯，所以能隨時記錄是最好的。

7. 良性競爭能大大減少搭便車現象發生的機率，可以針對員工表現進行排名，但不要將排名公之於眾，公布排名只會激勵前幾名和最後幾名，卻會使其他的人失去動力。

8. 人要是真正享受過程、樂在其中，就不太會一直想著不勞而獲。讓員工擁有更高的自主性，並在過程中慶祝每個小小的里程碑，都將有助於提高工作上動力。

9. 當眾指責搭便車者並不是好作法，對方覺得在眾人面前丟臉，往往會以逃避、抗辯及麻木來面對。

10. 而是要專注於他們的優勢，先讓對方感覺受到重視，再一起安排工作計畫，幫助他們調整步調，慢慢找回工作動力。

第五章 什麼都要管大師

「幾乎每次想去洗手間，都會在途中被凱倫叫去做東做西，上週好不容易有兩次沒被攔住。每次被指派工作後完全沒有一點休息空檔，更別提途中想喝杯咖啡喘口氣了！這不正常吧？」

這是我朋友麥特遇到的問題。麥特和他的上司凱倫原本分屬不同樓層，凱倫雖然緊迫盯人，但也只是會寄沒完沒了的電子郵件，幾個月前，麥特的座位搬到了凱倫附近，也更方便凱倫事事過問、親自關心進度。

社會心理學中有個概念「功能距離」（functional distance），實質距離有助於創造實際的互動，我們會特別關注辦公室座位距離三公尺以內的同事，光是差一個樓層就差很多，即使是控制狂上司通常也懶得爬樓梯。

凱倫是個典型的微觀管理者（micromanager），堅持參與麥特工作的每個細節，無論是提案還是電子郵件的簽名檔，甚至連使用的字體樣式她都要管。總是在細節上固執己見，而沒有著眼於全局。哪怕是一些無關緊要的口誤，她也會洋洋灑灑寫了三大段的信來糾正麥特。我認識的記者之中，麥特的工作時間最長，卻沒有太突出的成績。和他同期進來的同事都紛紛升遷，但麥特卻遲遲等不到升職的機會。這種主管因為過分注重枝微末節的小事，很多工作都難以完成，常常花了很多心力，成果卻總是不理想，連帶影響到自己的下屬。

「被凱倫時時刻刻盯著的感覺如何？」我問。

「和凱倫共事就跟照顧蹣跚學步的孩子一樣。」麥特說。「正想做些自己想做的事情時，就會被他們打斷。她一直沒辦法放下心，不斷地以電子郵件、訊息、假裝路過問我進行得如何，這種不被信任的感覺真的讓人很挫敗，也令人感到精疲力盡。」

凱倫就如同一台壞掉的一氧化碳偵測器，嗶嗶聲響個不停，但裝設在天花板上，太高了搆不著。你以為自己能慢慢接受這種聲音，卻怎麼也習慣不了。

見樹不見林

大約百分之七十九的人在職業生涯的某個階段經歷過微觀管理，其中百分之六十九考慮為此辭職。百分之八十九的雇主認為員工離職是為了賺更多錢，但實際上只有百分之十二員工是為了賺更多錢；大多數人離職都與上司的管理方式有關。可惜我們通常會忍耐退讓或是放棄離開，而不是勇敢地面對並改變現況。

我遇過的微觀管理型主管跟凱倫很像，他們不尊重我的物理空間和個人時間，標準反覆無常，又抱持著不切實際的期望。雖然我無法完全避開他們，但會盡可能地把門關好，或是刻意繞路避開，我還為此記住了他們的腳步聲。

直到後來我升上主管，開始以更高的視野看事情時，我才恍然大悟：微觀管理者像是一座漂浮在海面上的冰山，水面上露出的一小部分強勢霸道，而水面下更龐大的部分是疏忽大意的一面。高壓的微觀管理方式會影響日常工作，疏忽大意則會影響你整個職業生涯。時間有限，由於主管花過多時間在「監控」部屬，往往忽略了真正重要的事情，比如學習溝通技巧、規劃未來，以及快速而準確地做決策。

記者最怕遺漏大新聞，但麥特總是為了應付凱倫大大小小的要求而錯過重大新聞。新聞媒體競爭激烈、講求速度，這樣的行業容不下連字體大小和段落縮排都要講究的主管。凱倫不只見樹不見林，她根本就是把每棵樹木都當作盆景一般小心翼翼地照料呵護。

麥特如果繼續在這種主管底下工作，他的職業生涯就毀了，因為只能報導一些無關緊要的小新聞。

隔週，我邀請麥特和他的同事哈利勒一起喝一杯。

「凱倫這週彷彿人間蒸發。」麥特說。「奇怪之處就在於，我要麼每天被她多次疲勞轟炸，要麼足足兩星期音訊全無。」這就像網路交友可藉由回覆訊息的速度，判斷對方是否有意願繼續發展下去，有興趣的通常三十秒內就會回覆，不然應該也沒戲唱了。

「這樣很棒啊。」哈利勒絲毫不帶諷刺地說。「麥特，當你快樂享受著清靜時光，這時候凱倫正在我耳旁碎碎念呢。」

這樣的「控制狂」主管也沒有心力指揮所有下屬，所以會輪流針對不同人進行嚴格管控。有時大小事都要過問，有時又像是被流放至網路收不到訊號的偏遠地區，往往讓人不知所措。

如果發現有以下情形，就要特別提高警覺：

1. **主管交付任務沒有給予合理的時間排程：**大至提案和預算的刪改，小至上司退休派對上主視覺的調整，因為他們認為所有事情都同樣緊急，便會十萬火急地交代部屬必須馬上處理。

2. **每當你快要習慣主管的疲勞轟炸時，他們隨即消失無蹤：**緊迫盯人型主管沒有足夠的心力給所有部屬同等「關愛」，所以他們會輪流鎖定不同目標。某天可能收到一百封電子郵件或訊息，隔天就突然音訊全無。雖然這下總算耳根清淨了，但由於沒有得到任何答覆，很多工作都遲遲無法推進。

3. **交辦許多枯燥乏味的無用工作，讓部屬瞎忙：**整理儲藏室的箱子、按字母順序重新排列文件、以不同顏色標籤來做檔案櫃的分類，這些都是微觀管理者可能會要求你做的事。

4. **失去綜觀全局的視野：**你可能參與長達數週編列預算的工作，卻不知道這筆錢到底是要花到哪裡去？含有超過一百張投影片的大型專案簡報，你卻只負責其中十張，其他一概不知？主管若是喜歡鉅細靡遺地做出精確的指示，讓部屬只剩執行的份，將永遠看不清事情的全貌。

他們為何要進行微觀管理？

由於管理者本身性格存在著差異，造成這種情況的根本原因也不盡相同，但對他們有初步的認識和概念確實有助於應對這類問題。

• 主管太多

主管層級較少的組織更容易做出高品質且迅速的決策，也就是說，很多決策明明只需要一位主管核准就夠了，卻總是要給三四位主管層層向上核決，導致效率不彰。

如果主管層級太多層，管理者可能就會因為太閒而變得整天雞蛋裡挑骨頭。特別是性格認真負責或控制欲強的人，雖然這樣沒事找事做根本沒有意義，但相較之下閒閒沒事對他們來說更加痛苦。

我曾在一家咖啡店工作，店裡有輪班經理（制定每週排班表）、助理經理（監督每週排班表）和資深經理（加強監督每週排班表），這家小店根本不需要這麼多人監督，結果每次我想和同事換班，都必須經過三個人核准，真是惡夢一場。

• 他們認為這種管理方式能讓部屬的工作績效更好

很多人誤以為嚴密監控部屬可提升其工作表現，因為有人盯著的時候，員工就不得不認真，因此會表現得更好。許多管理人員都會如此監視生產線的工人。

微觀管理者卻對這種錯誤想法深信不疑，科學家稱之為「對監督效果的信賴」（faith insupervision effect）。史丹佛大學商學研究所組織行為學教授傑夫瑞．菲佛（Jeffrey Pfeffer）及其團隊對此進行了一項巧妙的心理學實驗，這項實驗要求受試者想像自己是行銷經理，對部屬製作的手錶廣告加以評分。第一組人只看到最後的成品，第二組人監督整個過程但不能給部屬意見，第三組人能在製作過程中提出修改建議。每個人都看到的相同廣告內容，三組之間的差異在於參與程度的高低。

實驗結果為何？第三組受試者打得分數比前兩組高很多，他們認為自己參與得愈多，設計出來的廣告就愈好，也就是說，人傾向認為自己有參與或與自己有關的計畫，都會因為自己參與其中而變得更好。

問題在於，微觀管理者會將這種邏輯套用到所有工作事務上，他們相信在自己時時刻刻的監控下，部屬的工作成果會更為出色。

• 他們沒有受過訓練

大部分主管都是因為在原本的職位表現優異，才有機會晉升管理職，他們本來就不清楚怎麼當主管，又沒有受過管理相關的專業訓練，往往就會被許多「成功」的企業領導人所誤導，比爾．蓋茲、傑夫．貝佐斯、史蒂夫．賈伯斯和伊隆．馬斯克都是不折不扣的微觀管理者，他們都全心投入工作之中，以鉅細靡遺的管理風格著稱，但也因為過於拘泥細節導致有時效率不彰。

決策速度與品質上力求快、狠、準。厲害的主管能快速做出正確決策，只可惜大多數主管都做不到。有些主管可能受過一些訓練，有辦法在速度與品質之間二擇一，通常也還是很難同時兼顧兩者。難怪麥肯錫在二〇一九年針對一千兩百多名員工進行調查，發現很多人認為決策時間長，不代表決策的品質就會比較好。「熟」不一定能生巧，還是必須經過專業訓練才行。

• 他們已經找不到事情給你做

不是每個人工作都很忙碌，每天被永遠做不完的事情追著跑，我在疫情期間發現，我有些同事似乎無事可做就會「裝忙」。

還記得我第一次遇到上司交付毫無意義的工作，當時很年輕，從事銷售工作。

有天狂風暴雨，都沒有客人上門，我的主管艾倫看不下去我們站在那裡閒閒沒事，所以吩咐我去儲藏室，先把所有的衣服按尺碼重新排列，再按顏色由淺至深排列。她一說出口，我就知道她對我們的工作內容一點也不熟悉，這樣的要求完全沒道理，按尺寸排列確實有助於快速幫客人找到衣服，但有沒有按顏色排列根本沒差。

艾倫也不是故意浪費我們的時間，她只是想不出我們還可以做什麼。一年後我才從同事傑森口中得知，在那個風雨交加的日子，我百無聊賴地排列衣服，而另一位經理卻找了其他人針對銷售技巧進行一次非正式的培訓。

我發現艾倫帶的人都沒有被找去參加那次培訓，因為其他主管也覺得艾倫很煩人，所以他們有意排擠她，連帶她的部屬也無辜遭受波及。

• 出於恐懼

這類型主管的動機往往來自於恐懼，對於自己在組織的權力和地位極度缺乏安全感。也許是新官上任想求表現，或是覺得自己地位受到威脅，擔心一有什麼差錯就會位子不保，因此會極力避免任何動盪。

自從來了另一位銷售經理喬，艾倫開始備感壓力，進而變成那副緊迫盯人的模樣。當喬待在店面的時候，艾倫會要我每十五分鐘將櫃檯擦拭一遍（這是服裝店，可不是麵包店），就像鬣狗般拚命地捍衛自己的領地，艾倫想讓大家知道我是她的人，會聽她的話做事。

也有些微觀主義者本身具有完美主義性格，或是所在的公司文化十分講求完美，所以他們做什麼事都小心翼翼，害怕失敗與犯錯。他們以為事無大小、事必躬親就能避免出錯，但最後往往會因小失大、鑄成大錯，導致來不及完成重要任務，或失去真正優秀的人才。

該怎麼辦？

網路上可以找到各種與微觀管理主管相處的小技巧，例如：了解主管的期望並建立信任、讓上司相信你有能力獨立作業。

我對網路上那些建議完全沒有異議，但這無法從根本上解決問題。微觀管理不一定是對部屬缺乏信任，有些是被錯誤的管理觀念所誤導，像是誤以為嚴密監控能讓部屬的工作績效更好、讓部屬「瞎忙」總比什麼都不做要好。更何況，遇到這種問題時，也不是說一聲「你可以信任我」便能解決問題。就如同感情中缺乏安全感的人很難給予對方信任，工作上也同樣沒有那麼容易建立信任關係。

若想要找出切中要害的解決對策，必須先捫心自問「我的工作值得我待下來嗎？」

多數人都有過這種瞎忙的經驗，在毫無意義的事情上浪費時間，我父親稱之為可以「陶冶性情」的工作。然而，我們通常都會希望減少不必要的工作內容（除非你喜歡這些工作，而且對升遷興趣缺缺，那就沒關係），而是多花點時間在有助於自身職涯發展的事情上。

為此，我們需要把眼光放遠，多接觸其他圈子的人，就像第二章提到的方法，與各種不同崗位上的員工建立聯繫，拓展自己在職場上的人際網絡，從中獲得公司的各種情報，他們能幫助你了解大局，你也能回頭看看自己所做的工作是否與公司整體目標脫節。

艾瑞克就遇到了這樣的問題，主管要求他彙整週報，而他每週也都花很多時間製作，交上去後才繼續處理別的事。他覺得自己工作認真，應該升遷有望，但等了兩年都毫無動靜。艾瑞克這才發現他辛辛苦苦做出來的報告都還在主管桌上，埋沒在資料堆裡，主管根本連看都沒看。

過分拘泥於小節的主管往往也容易惹惱更上一層的主管，所以他們分派到的都是一些無關緊要的工作，而這些事情自然會落在你頭上。我曾詢問一位資深經理，他是如何與手下的微觀管理者相處，他告訴我：「如果沒辦法擺脫他們，我會設立委員會讓他們去管理。雖然那些委員會可有可無，但至少能讓他們不要來煩我。」

要是你的主管也被邊緣化，甚至還被頂頭上司指派去做各種徒勞無功的事，那麼留下來無疑對你的職業生涯有害。因為管理這種形同虛設的委員會，就算做得再怎麼出色，十年後也不可能成為公司的高階主管。

但如果你很喜歡自己的工作，想繼續待在這間公司，只是討厭上司的工作模式，不妨參考我提供的一些做法來改善情況。

和主管溝通

最核心的問題在於管理在他們眼中代表著「控制」，也因為權力不對等，大部分的人覺得生殺大權掌握在上司手中，不敢得罪或反抗，所以管理者有時根本不知道自己存在哪些問題。

不過，「控制欲過強」是人際關係中相當普遍的問題，已經有很多社會學家對此進行研究。有些人因為上司管太多而離職；有些人則是因為另一半碎碎念而離婚，有研究指出，「愛嘮叨」已經成為破壞婚姻的三大殺手之一。

接下來會介紹與微觀管理者有效溝通的祕訣，是我從各研究中汲取精華，統整出來的一些方法。某些策略乍看似乎違背直覺，但如果能讓向上溝通更加順利，對雙方而言都是好事，主管本來可能沒有意識到自己的控制傾向，你也能藉此幫助他們看清問題並學會放手。

• 祕訣一：避免直接批評或指責

許多人認為，遇到這種主管不必拐彎抹角，即是會傷人面子，還是要實話實說地指出問題所在。本章開頭提到的麥特也親身實測過這種方式，他直接告訴凱倫，她太緊迫盯人，讓人感到窒息。麥特還要凱倫給他安靜三個小時好好寫稿，不要每三分鐘就來盯一次進度。

凱倫嗤之以鼻，她要麥特管好自己就好，不用教她怎麼當主管，如果麥特做得夠好，她也不必這樣密切監控。麥特無言以對，只能摸摸鼻子回到座位，那天接下來的時間都躲著凱倫。

凱倫和麥特的互動反映了關係專家約翰．高特曼（John Gottman）指出的四種負面溝通模式：批評、輕蔑、防衛、築牆，他稱之為「末日四騎士」（Four Horsemen）。

以批評開頭的對話往往會迅速失控，凱倫輕蔑地回應麥特，她翻了個白眼、質疑他的邏輯並嘲笑對方。為了捍衛自己，凱倫隨後開始指責麥特，把問題推到對方身上。而麥特也不想再與這種人溝通，所以轉身離場、避不見面。

• 祕訣二：著眼大局

可試著用含蓄一點的方式表明自己是為大局著想，為了降低防備，我會先問主管這個問題：「我希望自己在做的工作能與公司整體目標有更緊密連結，請問有沒有這方面的工作能交給我來處理？」

微觀管理者因為過度專注在執行細項，常常忘了後退一步把事情看得更全面，讓部屬知道自己這樣忙的意義何在。人們經常犯的毛病是透明性偏誤（Transparency Bias），很多主管誤以為別人能夠理解自己想要什麼，所以只會要求你完成某件事，卻沒有說清楚具體做法，讓人完全摸不著頭緒。

我也落入過這種偏誤陷阱，研究計畫通常過程十分艱鉅，往往需要耗時數年，參與其中的研究人員不一定對研究計畫有非常完整的概念。過程中有一項繁瑣卻必要的工作，是將行為資料進行編碼，觀看並記錄研究對象與他人交談時，出現嘆氣、坐立不安或用笑緩解緊張情緒等行為的次數。我曾經因為學生沒有詳實記錄，對他們說：「怎麼會遺漏那半秒的嘆氣？你睡著了喔？」學生無法理解我為什麼要這麼嚴厲斥責，一個月內就有十一個人相繼離開研究團隊。說真的，他們根本一點也不在乎那些人嘆了幾次氣。

我沒跟他們解釋過為什麼要詳細記錄這些行為，他們又怎麼會在乎？我自以為他們都了解，人們任何細微的非語言行為都會以有趣且戲劇性的方式塑造互動，但資料必須極為準確才行。一旦他們知道自己所做的事情是這項研究成功與否的重要關鍵，就更有動力去記錄研究對象行為上的細微變化，工作變得更加投入。

• 祕訣三：為雙方的期望求取平衡

我協助過許多微觀管理主管化解與部屬的衝突，發現他們都面臨同樣的問題：在主管心中重要事情的先後順序，和部屬想像的有極大的出入。對你而言極不重要的「小事」，但是對上司來說可能極為重要。即使你認為做這些「小事」會讓工作效率變低，上司還是忍不住想糾正，要求你先做他們心中「重要的事」。

麥特和凱倫後來逐漸打破溝通僵局，彼此心中的期望變得清晰：凱倫希望麥特盡快發表某些她覺得比較重要的文章，麥特則想在工作上展現獨立性和創造力。他們最終達成共識，如果麥特早點完成凱倫想要先發布的新聞稿，那麼他就可以寫自己想寫的議題。試著去詢問主管的期望時，同時也是為自己開一扇門，讓主管有機會理解你發自內心的想望。

•祕訣四：溝通時盡量避免概括性字眼

在達成共識後，接著就要來解決關係裡的衝突，這是個顯而易見的棘手問題，但由於太過於麻煩，人們往往視而不見且不願提及。

應對衝突是一門很深的學問，高特曼博士透過多年的研究，找出成功化解夫妻衝突的兩大要點：第一，無論有多生氣，也絕不說出「每次」、「總是」等概括性字眼，而是具體說明對方的哪些行為讓你感到不滿。第二，將批評夾雜在讚美當中，減輕傷害。

職場上也是一樣，與主管溝通時，別直接說「你管太多了」，而是著重在具體事件再加上你的感受，例如：主管一小時內就寄了三十封電子郵件，讓你覺得無法專心工作。除了提出希望他們能改善的行為，也要針對值得肯定之處多加讚美，像是感謝主管對你的重視。

我提醒麥特，凱倫雖然煩人，但總能給出很不錯的修改建議，並不是真的那麼一無是處。如果能在溝通過程中提起這件事，凱倫可能會因為他一句讚美而露出笑容，緩解了逐漸升溫的緊張情緒。

• 祕訣五：定期回報工作進度

對於這種主管我們都會避之唯恐不及，然而在關係上總是需要花心思維繫，就如同夫妻之間若是沒有花時間經營感情，久了與另一半就變得像「室友」一般的存在。

因此，還是有必要定期召開會議，向主管報告目前的工作進度、是否有達成當週或當月的階段性目標。如果沒有達成目標，則要跟他們說明你遇到哪些阻礙。在主管來煩你之前，早一步先主動回報，讓他們知道一切都在軌道上，才不會導致「要求—退縮」（demand-withdraw）的溝通模式。在這種模式中，一方提出要求，而對方欲從衝突中抽離，表現出悶不吭聲的態度，要求者就越是急切地想讓另一方開口，無論是跟伴侶、子女或同事的互動中都很容易演變成這樣的惡性循環。

• 祕訣六：劃清工作時間的界線

工作型態在過去幾年裡發生了巨大的變化，很多人不用在固定時間打卡上下班，隨時隨地都能工作。百分之五十一的人認為靈活、彈性工作非常重要，千禧世代甚至願意為此搬到世界任何地方。

不過，如果遇到了控制欲很強的主管，工作時間調配的自由度高，也意味著工作與生活的界線變模糊。我最近聽到有位主管在下班前臨時召開視訊會議，一開就是三小時，一路開到晚上，大家就這樣挨著餓，但也只能乖乖配合。

如果你遠端工作或是與主管在不同時區，可以先安排適合每個人的會議時間，我有個紐約的朋友任職於總部位於倫敦的公司，所以他們把多數會議定在紐約時間早上八點（倫敦時間下午一點），而不是紐約時間下午四點（倫敦時間晚上九點）。也因為時差，有些人無可避免地會在半夜兩三點收到電子郵件，可以先談好回覆信件的期限，因為你已經預先表達了期望，你們也比較不會因為對方「忘記」時差問題而發生衝突。

如果你本身就是主管，我也鼓勵各位訂定一些規範，讓部屬工作與生活能保有平衡。我曾聽過一個例子，有位主管她在她的自動回覆信件中寫道：「我有時非上班時間還在工作，但我不希望你們也這樣做。如果你們在週末收到我的信，等到週一再回覆就好。」這就是很好的作法，清楚表明她不會在週六還要部屬隨時待命。

最後關頭裹足不前

有些主管百分之九十的時間都好好的，但往往到了最後階段就變得吹毛求疵，就算你已經徹底檢查過商品，他們仍不讓你銷售；或是你寫的新聞已經來來回回修改超過十五次，將要錯過發稿最佳時間了，還是不讓你發布。

我的朋友崔希就遇到了這樣的主管，和派翠克一起工作大多數時候都還算愉快，不過他有點工作狂傾向。派翠克曾說自己已經有十五年午餐都是在辦公桌前快速解決，雖然他說是開玩笑，但大家一點都不覺得那是玩笑話。他工作多年卻只休過兩次假，生活上沒有太多事要操心，自己一個人住，沒有寵物要照顧。派翠克的工作狂行徑並不影響崔希在工作上的追求，所以問題也不是太大。

不過，有個小問題讓崔希很苦惱，每次有什麼計畫準備進入實施階段時，派翠克總會在最後關頭完美主義作祟，因為害怕失敗而裹足不前，就如同壓力一大，帶狀疱疹就會發作。無論這項計畫已經準備了兩週、甚至是兩個月，派翠克還是能挑出各種大大小小的問題，然後是一連串的自我否定與懷疑，覺得一切都還準備得不夠好。

「每次我們走到那最後一步，他就會焦躁不安，處處質疑我。」崔希感嘆道。「我到底做錯了什麼？」我安慰她說，這並不是因為她表現得不好，派翠克應該也是時時刻刻用高標準鞭策自己。

遇到崔希這樣的情況該怎麼辦？

我建議他們倆可以詳列專案中各個階段的檢查清單，不過這方法會增加崔希的工作量，聽起來很不吸引人，但崔希還是願意聽我說。

我說：「如果派翠克這麼害怕出錯，那你們不妨照著清單一步步檢查，不要拖到最後才做。」

派翠克和崔希嘗試了這個方法，他們列出檢查清單，互相確認對方的工作成果。而兩人也事先約定好，如果清單上的所有項目都確認過了，就要繼續進行下一步。這就好像學習跳水，會先從比較低的地方開始，每週都嘗試更高一點的跳板，最後就能成功挑戰最高的距離。崔希最終成功解決問題，雖然麻煩了一點，但至少能讓派翠克安心。

如果你遇到這樣的主管，也可以試試這種方法。除了能幫助主管減輕焦慮之外，還能讓你們在標準方面達成一致。曾有人說我要求太高，但我卻認為是他們做事太過草率，我們各說各話。這是因為每個人抱持的標準不同，而檢查清單能幫助我們釐清這之間的落差。

崔希面臨著權衡取捨的問題，派翠克工作能力很強，崔希想跟著他學習。為了得到如此厲害的主管栽培，縱然偶有衝突發生，但也還在接受範圍。然而，如果情況演變成「習得性無助」（Learned helplessness），出現不管怎麼努力都無法改變現狀的想法，那她就應該趕快離開，在這種情況下工作也不會有光明的前途。

魔鬼藏在細節裡

有個朋友最近跟我抱怨說，他工作時犯了一點小錯誤，主管就開始緊迫盯人。他跟我說：「我什麼都做不了，她會插手所有工作細節。」聽起來就像是微觀管理者會有的行為。

這次與朋友聊天的過程中，我發現有些注重細節的主管其實並不是微觀管理者，他們相信「魔鬼藏在細節裡」，擔心忽略了某些小細節，有可能因此釀成大禍。這種細節控主管對部屬有很深的期待，期望在自己的帶領下團隊能邁向成功。他們重視細節是有其目的，而不只是出於控制欲。

舉例來說，美國重金屬搖滾樂團范海倫（Van Halen）每次與演唱會主辦單位簽約時，都會在冗長的合約中悄悄加上一條：後台必須有一碗M&M's巧克力，但絕對不允許裡頭有咖啡色豆，如果主辦單位沒有做到這點，就得取消演出並且賠償損失。這其實只是個小測試，要辦一場范海倫演唱會的前置準備非常複雜，任何一個步驟出錯後果都不堪設想，如果碗裡出現咖啡色巧克力豆，也就代表主辦單位可能還忽略了合約裡其他注意事項？

像醫療這樣的領域更是看重細節，稍有疏忽或閃失就可能致命。有個資深領導者最近跟我分享了他的成功祕訣，就是「首重安全」。他的第一份工作是在速食快餐店打工，有天，值班經理拖完地板後，忘了放警告標誌，有人經過時不小心滑倒。更高階的主管出面把客人安頓好後，就當著所有人的面開除了那位值班經理。

那位資深領導者說：「雖然感覺有些反應過度，但只要是出了任何攸關人身安全的錯誤，無論多小都要迅速且嚴厲地處置。」小事上犯錯可能釀成重大災難，厲害的主管往往能及時揪出錯誤，避免憾事發生。

如果你分不清主管是控制狂還是細節控，問問那些比較資深的同事，他們應該比較清楚。我在紐約大學做研究時，心理學實驗的檢查清單列了五十個項目，因為用到的設備很多，如果出任何差錯，我們的心血就白費了。新人可能認為我是微觀管理者，才會列出這樣一份清單，但老手並不這麼覺得。資深前輩會跟新人說：「泰莎非常注重行為編碼是否準確，其他事情她都不太會干涉。」

如果不想部屬在背後說你是愛折磨人的主管，那就與他們好好討論，哪些方面需要仔細監督，哪些方面則是充分授權。只要給予足夠的自由發揮空間，某些部分嚴格一點也還算能接受。

微觀管理者常被誤解，許多人認為他們沒有自己的生活，就想毀掉我們的生活，抑或是出於不信任才會如此控制。但這背後還有其他諸多因素，有些人誤以為優秀的管理者都會用這種方式，才能讓部屬的工作績效更好；有些則是主管本身被分派到的都是一些無關緊要的工作，已經找不到事情給你做，或者害怕一有什麼差錯就會地位不保。

我們遇到這種主管通常都避之唯恐不及，但其實主動與對方報告進度、了解彼此的期望並妥善溝通化解衝突，會是處理這類問題更好的方法。

重點複習

1. 微觀管理者看似強勢霸道，但更多的是疏忽大意。
2. 疏忽大意有多種形式。有時會忽略某個人（他們沒有心力監控所有部屬，所以會輪流針對不同人），有時則會忽略重要的工作，問題不在於注重細節，只是他們太過拘泥於一些不重要的枝微末節。
3. 大部分主管都是因為在原本的職位表現優異，才有機會晉升主管職，他們本來就不清楚怎麼當主管，又沒有受過管理相關的專業訓練，所以不知道如何快速做出正確決策。
4. 他們誤以為密切監督可提升工作表現，還對這種錯誤想法深信不疑。
5. 恐懼往往會導致微觀管理，問題有兩大面向：害怕犯錯，以及擔心失去權力地位。
6. 某些職場環境特別容易出現微觀管理情形，一種是主管層級太多層，管理者可能就會因為太閒而變得整天雞蛋裡挑骨頭。還有一種是工作時間彈性，工作與生活的界線因此變得模糊。

7. 解決對策的第一步是捫心自問：「我的工作值得我待下來嗎？」如果不值得，就趕快另謀高就吧。

8. 溝通時避免直接指責，你們可能會陷入批評、輕蔑、防衛、築牆的負面溝通模式之中。不妨試著召開會議討論共同目標。

9. 無論有多生氣，也不要用概括性字眼攻擊對方，而是具體說明讓你感到不滿的行為。

10. 即是會讓你感到痛苦，還是得定期召開會議，頻繁地向主管報告進度。健康的關係需要雙方花心思經營和維繫。只要慢慢練習，溝通也會更為順暢。

第六章
搞不清楚狀況老闆

有一種主管捉摸不定、反覆善變，不過他們不會一直來找你問進度，也不會搶你功勞，並沒有明顯折磨或欺負部屬的行為，所以一直以來我都低估了這種主管會對部屬所造成的心理傷害。直到後來我聽了凱特的故事。

凱特的上司桑德在他的專業領域經驗豐富，很懂訂製西裝和昂貴豪車，即便他不一定能負擔得起。打從一開始，凱特就隱約覺得不對勁。剛上工時，有兩週時間她都摸不著頭緒，不知道該幹嘛。別人都有被委派具體的任務和明確的時間表，但每次凱特主動詢問，桑德總是含糊其辭，讓她自己想辦法，凱特為此感到沮喪無助。這其實是職場上很常見的問題，許多人都曾抱怨主管沒有提供任何工作方向或指令，讓人無所適從。

「你們沒有召開工作回饋會議嗎？」我問。凱特很早就意識到安排這種會議是在浪費時間，桑德只想一再展現自己的權力，但其實根本搞不清楚狀況。有時桑德心煩意亂、心不在焉，聽了簡短彙報後，便揮手示意她離開，這種情況算很好了，最怕他突然抓狂，就像是在牢房裡醒來，卻不知道自己為何會來到這裡，陷入迷茫又充滿攻擊性。桑德對自己的決策說詞反覆，很多事明明照著他的指示去做，到頭來卻又在會議上質疑凱特為什麼要這樣做，把說過的話忘得一乾二淨，還指責她說謊。凱特無端遭到詆毀已經夠嘔了，原先已經規劃的事情還都被要求重頭來過。而桑德則是每次開會都一副惶惶不安的模樣，他不喜歡有人時時刻刻逼著他做決定。

會議結束後的二十四小時最是難熬，桑德有時會再確認一下凱特是否有執行他的要求，有時就再也沒有提起過，接下來一個月左右又是撒手不管、無聲無息，然後到了下次會議，同樣的狀況就再重演一次，不斷重複這樣的循環。

面對種種不確定性，凱特產生極大的焦慮，她說：「我能忍受被忽視不理，很多事情我可以自行處理。但我無法忍受那種不確定感，不知道他何時會出現、出現時會說什麼，會不會一句話就讓我前面的心血全都白費。」

「不確定」的感覺讓人難以承受，舉例來說，等待癌症檢查結果的過程往往會很焦慮，嚴重程度遠超乎想像，這樣的心理狀態會影響睡眠品質和飲食習慣，腦海裡不停地浮現負面念頭，揮之不去。大部分人一生中或多或少都有過這種經歷，而對於有像桑德這樣上司的人來說，他們更是時時遭受這種折磨。隨之而來的創傷難以抹滅，持續影響著我們日後如何對待每一段關係。即使後來桑德被開除，凱特剛開始與新主管開會時還是焦慮得不行，等她終於確定新主管的做事方式跟桑德完全不同，才比較放心一點。

眼不見，心不念

最近很多人問我在職場上要如何獲得關注的種種問題，像是「我在咖啡店遇到上司，但他不記得我的名字。這是一種警訊嗎？」（是的），或是「上司因為太過忙碌而無視我，我要去找他理論嗎？」（別這麼做！）

疫情爆發後，大家開始遠端辦公，很多員工發現自己的工時變長、工作量變重，出現明顯的職業倦怠感，管理階層人員尤其嚴重，他們通常需要同時處理多項任務，手上有很多案子要處理，部屬又分散各地，很難兼顧一切。研究發現，儘管疫情期間遠端工作加快了完成任務的速度，但百分之七十二的管理者反而覺得壓力比以往更大，超過半數的人正在受工作倦怠所苦。

他們不善於管理時間，總覺得自己時間不夠用，導致部屬遭到冷落，感覺像個局外人。有些主管是因為聽從上級指示，獨厚特定對象，就如同微觀管理者前一秒還把焦點放在某些人身上，下一秒就把他們冷落到一旁；有些主管的時間都被「時間小偷」所佔據（第三章提過，這種人遇事就馬上找人幫助，不會自己先想辦法），實在沒有多餘的心力關照你。不過，雖然問題是出在他們時間管理不善，但這些主管也不喜歡自己處在狀況外的感覺，彷彿從昏迷中甦醒般，認不得辦公室裡一張張陌生面孔，疑惑著你為何要移動咖啡機。

這樣的管理風格往往會落入以下模式：將工作完全交付給部屬後便置之不理，久而久之主管愈來愈不了解後續進展，擔心自己被排除在外，才又跳出來刷存在感，介入部屬的工作來展現自己的權力。這就好像挨餓節食容易出現的「溜溜球效應」，過度節食導致暴飲暴食，而後感到愧疚無比，接下來三天只喝排毒果汁，然後又繼續吃香喝辣，周而復始，排毒果汁雖不是長久之計，但能消弭愧疚感。

好的主管則是會穩定地與部屬保持良好的溝通，不僅給予自主權，同時也會適時引導和回饋，避免拖到最後決策太過倉促草率。即使手邊有再多事情要忙，也不會搞消失。

本章會著重在老闆、主管、小組長這類團隊中的領頭羊，他們的態度決定了你在職場每一天的日子是否好過。部屬無法得到適當支持時，容易感到手足無措，內心不踏實。因此，我會提供一些對策，讓你重新找回對工作有所掌控的安心感。雖然說這些策略主要是針對領導者，但其實也適用於職場上各種對方不做為而讓你無所適從的情況。

如果發現有以下情形，就要特別提高警覺：

1. **長時間對你放任不管，最後關頭才會突然變得積極起來：**準備一場大型簡報的過程中，主管沒有給你任何協助，卻在簡報開始前的兩個小時才不停地要你修改。

2. **在各種工作準備階段，你最希望主管給予指點時，往往事與願違：**比如你需要主管來審查預算、確認提案或設計時，他們總會「人間蒸發」。

3. **早在面試階段就能看出警訊，他們通常會輕易亂給承諾：**這些主管過度承諾會帶領著你上手，每週開會、每小時至少確認一次信件，必要時也能在週末打手機聯絡他們。

4. **常在背後說你好話，讓人覺得徒弟青出於藍是他們這些師傅教得好：**期待你有好表現，雖然他們幾乎沒幫上什麼忙，但還是能沾沾光。

他們為什麼對你忽視不理？

有些是因為忙於對別人進行微觀管理，有些則是因為自己的事情就已經忙不過來了。不管是什麼原因，總歸來說就是他們沒辦法撥出時間專門理你。

• 忙於微觀管理

微觀管理型主管通常會一下盯得很緊，一下又放任不管，如此反覆循環，主要是導致這兩種問題的原因很類似，大多是因為時間管理不善、對於工作的優先順序還沒有訂立明確的標準，以及不願給予員工自主決策的權力。有些是針對同一人，有些則是對不同的人有差別待遇，對某些人特別關愛，你卻被打入冷宮。

在大公司裡，一名主管大約需要帶領十名部屬，除了你之外還有九個人分散了主管的注意力，通常不可能同時全都照顧到，如果他們還很容易糾結在許多枝微末節的小事，那要等更久注意力才有可能重回你身上。

雖說對你事事過問和無視冷落的主管是同一人，但應對這兩種問題的方式還是不太一樣。

• 他們要滿足上級的要求

主管或許也想好好回應部屬，但他們光是處理上頭交付的任務都忙不過來了，根本沒有多餘的時間。

大多數主管都遇過這樣向上、向下難以兼顧的難題，倫敦商學院教授朱利安·柏金紹（Julian Birkinshaw）與西蒙·考爾金（Simon Caulkin）研究發現，管理者平均會花百分之七十一的時間處理上頭交付的任務，像是參加會議、寫報告和接聽電話。只有百分之二十九的時間能用來安撫部屬的心，譬如說確認方向、提供指導和回饋，以及處理部屬之間的不愉快，這些事情都會對你造成很大的影響。

然而換算下來，管理者平均八小時的工作時間裡，只能撥出兩個多小時來處理部屬的問題，如果主管帶了十個人，那一個人每天只能分配到十二分鐘！

•他們自己也沒有獲得實質協助

想像你在一家餅乾工廠任職，執行長在一次大型會議上向全公司宣布了她的新願景：「我們要做出世界上最外脆內軟、嚼勁十足的巧克力餅乾，目標是每天產出一百萬片！」然後執行長轉頭看向自己的得力助手——在烘焙業累積了豐富經驗的高層主管，她馬上附和道：「好主意！就從調整配方把奶油用量加倍開始吧！」高層主管接著轉頭看向你的頂頭上司，要他們這些基層幹部趕快去想辦法完成。

現今企業管理層主要是由這三種角色所組成，從最高層至最低層分別為：提出願景的創新者、將願景變為現實的策劃者，以及帶領基層實現願景的實施者。

大多數主管都是實施者，必須想辦法一天生產出一百萬片餅乾。問題在於，創新者和策劃者只會勾勒很美好的願景和想像，畫了大餅卻沒有給予任何實質協助或資源。實施者要的不是執行長在台上精神喊話，而是需要有人明確告訴他們能使用的烤箱數量、麵團要揉多久、奶油因為工廠溫度過高而太快融化時該怎麼辦。

假如你的主管遇到這樣的情況，他們也毫無頭緒，可能因此產生逃避心理，讓部屬自己去想辦法，這並不完全是他們的問題。

• 主管不清楚實際執行細節

晉升為主管階層後，工作內容有所轉變，自然會變得不那麼了解下屬的日常工作情況。我最近跟我紐約大學的學生開玩笑說，如果我明天被公車撞到，大家還不一定會發現。但如果是他們出車禍，我的工作效率便會直線下降。多年來我做心理學實驗時，實際去收集受試者資料的相關研究工作都是交由他們負責。

主管會撒手不管的原因很多，最主要的問題就如前面所述，他們時常感覺到時間不夠用。《哈佛商業評論》（Harvard Business Review）指出，一間公司的執行長每週平均工作約六十二小時，而且幾乎所有的時間都花在出席會議上。至於落實執行的部分，那就交給底下的人去辦吧。管理者隨著職位愈高，就愈沒有時間將目標轉化為實際行動。

我承認我自己也有過這樣的問題，前陣子我開始和紐約大學一群很優秀的工程師合作，我對於這次合作機會感到既期待又興奮，每天寄好多封信給他們交代工作，我以為只需要幾分鐘就能完成，但我錯了，這些事情往往需要耗上幾個小時。我不了解程式設計的專業細節，是到了後來有個一臉疲憊、無精打采的學生說他熬夜整晚趕工，我這才發覺自己應該先問清楚。

•「他們會優先提拔手下愛將，其他人可就沒那麼好運。」

這是二〇一五年蓋洛普執行長兼董事長吉姆·克利夫頓（Jim Clifton）所說的一段話，點出了許多主管常陷入的誤區：他們花很多心思在自己屬意的得力助手身上，其他人只能自求多福。《哈佛商業評論》研究指出，執行長會花很多時間拉拔深得他們信任的直屬部屬，由於工作已經夠繁忙了，沒辦法再擠出時間培養其他部屬，導致最後出現強者愈強、弱者愈弱的現象。

•主管的時間被別人被蠶食鯨吞

我在第三章談到過時間小偷的問題，他們會不斷向他人尋求建議和幫助，特別是針對那些不懂拒絕的濫好人。如果無論什麼樣的人找上門提出請求，你的主管都來者不拒，那麼他們的時間就會一點一滴被那些人偷走。

通常是因為拒絕會讓他們感到內疚，所以才通通答應。不過你也可以利用這點，讓他們對你產生愧疚感。別忘了，時間是一種零和資源，只要讓主管感受到你真的很需要他們的指導，主動幫他們分擔工作，甚至是協助處理時間小偷的請求（例如幫忙牽線），主管肯定也願意回過頭來幫助你。

四個關鍵時刻

職涯任何階段都有可能遇到這種情況，不過在四個關鍵時刻特別能看出跡象，盡早發現才能及時處理，就像在感情關係發展初期發現苗頭不對，還能趕快分手。要是選擇在職位上留下來，也可以透過我後面介紹的對策來推進該有的進度。

• 初次見面時

根據《每日郵報》（Daily mail）報導，有研究指出，約三分之二的人會在首次約會時撒謊。而有幾乎相同比例的人會為了爭取到面試機會，在履歷表上動手腳。主管同樣也會說謊，特別是在領導能力方面自我膨風。

我曾遇過一位面試官奇拉，她誇下海口道：「泰莎，雖然你現在平凡無奇，但只要經過我的指點，必能成為眾人目光焦點！」聽她這一番說詞，我還以為自己來到了某個素人改造節目。但當我詢問她實際例子，她頓時面露不悅，馬上把我從她辦公室趕了出去。如果奇拉說的是實話，根本不用如此緊張，顯然她有所隱瞞。

為什麼他們要假裝自己是好主管？有時主管也不是真的想騙你，只是想得太美好，以為自己能克服壞習慣。雖然很想手把手地帶領你，但總是出於種種他們自己都沒注意到的原因（前面有提到），而做不到當初說出口的承諾。

這種人在部屬之間的名聲通常很差，不妨經常在辦公室跟同事閒聊，藉機聽聽大家對主管的看法，應該會有人趁主管不在時（他們常常不在）偷偷跟你說：「跟著奇拉這種主管工作就別指望有人幫你，什麼都只能靠自己。」

• 進入最後準備階段時

雖然員工大多想在工作上享有更多自主權，但他們也會希望主管能在專案的最後準備階段，做好監督檢查的工作。

有些主管會在最後一刻突然變得積極，有些則是到了最後依然無所作為。假設今天是要進行手術，為確認病人的安全，主治醫生動刀前必須有一小段作業靜止期（Time Out），手術所有準備工作暫停，由其中一人主導團隊全員重覆確認過所有查檢項目，確認無誤後，才能開始進行。

這個時間會再次確認病人手術部位並標註記號，但有百分之二十五的神經外科醫生曾在其執刀生涯中在病人頭部錯誤的一側開刀，通常是因為沒人帶領大家進行最後確認的緣故，忽略這個步驟往往會導致嚴重後果。

儘管我們多數人都不是外科醫生，但這樣的教訓也適用於其他工作。主管如果在最後階段依然沒有出面指揮監督，很有可能就會功虧一簣。

・剛升職時

職位提升後，需要考慮的層面更廣，必須要有相關培訓才能避免新手主管迷失方向。很多上司會直接把管理責任下放，卻忽略了新手主管在這樣的崗位過渡期，會面臨許多新的工作內容和挑戰，需要專業訓練來學習所需的領導技能。全球性教育訓練與發展公司肯．布蘭查公司（Ken Blanchard Companies）對四百多名管理者進行調查，發現有高達百分之七十六的新手主管根本沒有受過管理培訓，如果主管是靠自己跌跌撞撞摸索出來，自然不會覺得你需要受什麼訓練才能當好主管。

還有另一個令人訝異的原因，有些上司其實是想表現出對你的尊重。我有個朋友最近升任為執行長身邊的高階主管，但執行長幾乎沒有親自指導過她。她感到很迷茫，不懂為何執行長提拔她之後又將她遺忘。後來她表達了顧慮，執行長這才驚訝發現，自己出於好意想讓部屬感受到信任，居然會讓他們有這樣的誤解。

上司可能誤以為你升遷後，會想要有更多的發揮空間，認為既然你已經升上小主管，那就應該放手讓你去做，若是這種情況，最有效的方法就是找對方談一談，直接溝通來解開彼此之間的誤會。

- **績效考核時**

這類型主管往往到了進行績效評估的時候，才意識到自己對部屬所做之事知之甚少。這時候就會靠臨時抱佛腳的方式，找你進行長達數小時的面談，惡補他們錯過的一切。

我認識的一位主管克里斯蒂，到了與更高層見面的前一天晚上，才會約談部屬，盤問他們過去四個月都在做什麼。這一作法引起部屬的反感和不悅，四個月來就這樣撒手不管，現在卻要花三個小時向她報告。克里斯蒂為何要這麼做？因為她想營造出一種自己用心帶人的假象，讓人誤以為她對部屬的大小事情都瞭若指掌。雖然平時毫無作為，但至少要在更高層主管面前做做樣子，讓他們留下好印象。

遇到這種主管該怎麼辦？

現在我們已經知道導致主管變成如此的各種原因，有些是因為有所誤會，不知道你其實想獲得更多關注；有些則是本身太過忙碌、自顧不暇。先釐清遇到的主管到底是有什麼樣的難處，就能視情況運用接下來介紹的方法，增進與主管的交流互動。

• 輕推溝通法

很多關係當中的溝通難題，都是因為我們沒有清楚表達自己的需求。主管已經為了許多繁雜事務忙到焦頭爛額，不可能主動察覺到你的需求，而且他們相信你能升到這個職位，就代表你有足夠的能力勝任。

不妨運用輕推（Nudge）這種溝通方式，讓主管知道你需要更多幫助。若一次拿著十五件事急切地要求主管協助，很容易讓對方感受到太大壓力，而這種方式是在考慮到主管還有其他事要忙的情況下，溫和且適時地給予提醒。

運用「輕推」方法時，要具體向主管說明你需要的幫助和所需時間，可以透過簡短的電子郵件（我有個老闆朋友工作非常忙碌，據他所說，信件內容不要超過五行）跟主管約三十分鐘的時間開會（老闆通常只有辦法擠出三十分鐘的空檔）。很多人都會覺得，如果表現出急迫感，主管比較有可能積極回應，但通常情況並非如此。跟主管約接下來兩天的時間，他們幾乎不可能從繁忙的日程安排中抽出時間來給你，但若是詢問他們接下來兩週是否有空，還比較有可能約到時間。

我寫這本書的時候，也成了需要被人輕推的那種老闆（萬萬沒想到寫書和教學工作要同時兼顧原來這麼困難！），我承擔了超過自己所能負荷的工作，很多人應該能理解這種力不從心的感受。

眼看著截稿日逼近，我變得很難被任何人聯繫到。一心只想著寫作，其他像是文件簽署、為報告評分和研究計畫考核評量，所有事情都被我擱置了。

我前後花了一年的時間寫這本書，一直這樣搞消失也不是辦法。我的學生第一次注意到這種狀況時，感到不知所措，只是不斷央求我排一點時間跟他們討論研究方向，有學生著急地說：「我隨時都可以，週末晚上九點也沒關係，只要三十分鐘就好。」不過，這個策略顯然不奏效，我不想把他們硬塞進一些奇怪的時間，我蠟燭兩頭燒，不知如何是好。學生們也因為進度停滯苦不堪言。

後來我漸漸發現，我的壓力有一半來自於每次都要跟大家來來回回「喬時間」（行事曆總是塞得滿滿的人應該深有同感），為解決這個問題，我在Google雲端硬碟上新建了月曆，只有我在紐約大學研究室的五名學生和研究助理能共同編輯，就像在職場上，老闆會與秘書或特助共用行事曆。我特別多排出了一些時間空檔，讓共用這個月曆的人可以先預約。

不必再為了約時間而苦惱，也不用硬把他們擠進奇怪的時間點。無論是當週還是下個月，只要有空檔大家能自行登記。有些比較積極的學生還會一次登記好幾個時間，先把想要時段給佔下來。

像我這種容易胡思亂想、杞人憂天的人，用這種方法能大大減輕我的壓力，不用再去猜測是不是有人覺得討論時間不夠，或是我逼得太緊，還是我有對某些人特別偏心。也不需要再去擔心新人是否會不好意思跟我約時間，每個人都能獲得公平的機會。

到了開會的時候，學生也都把時間掌控的很好。如果要在三十分鐘內討論三個重要的項目，他們會很有效率地將每個項目控制在十分鐘。我不介意讓別人來主導會議，而你的主管如果已經忙得焦頭爛額，肯定也不會介意。

那要怎麼說服主管採用這種方法？起初我也是很猶豫，完全不想再多一個行事曆。這時候你不妨提醒主管，這個行事曆是針對與他們密切合作的人，大家勢必得用這種方法來安排時間，不然那些團隊會議永遠不可能開得成。你的主管可能也會和我一樣，很高興不必再為了敲定會議時間而費盡心思，只要看一眼行事曆就能找到適合所有人的時間。

經常善用輕推，有時更能達到溝通目的，主管也會因此了解到，現在撥出一點時間來指導你，往往能省下未來更多時間。

倫敦商學院教授朱利安．柏金紹和西蒙．考爾金發現，如果主管在一年開始的前三週，每天多花兩個小時與團隊相處，能大幅提升整體績效。特別是在年初，大型專案還沒開始運作時，每天與團隊交流兩小時，會比在一年之中其他時間這麼做更有效果。若是盡快讓部屬上手，他們就能在關鍵時刻獨當一面，也能和主管截長補短互相支援。

• 幫主管分擔解憂

主管可能本來都會給予部屬回饋，後來才開始變得放任不管，或許是在疫情之下工作模式改變，或是遇到了其他狀況。說來有些諷刺，雖然應該是要由主管給你協助和指引，但在這種情況下，最好的做法就是你主動幫主管分擔解憂。

這麼說吧，假設你走進廚房看見一片狼藉，水槽裡堆了五十個碗盤，裝了昨天晚餐垃圾的袋子還破了洞，湯汁流出來灑在廚房地板上。肯定會想裝作沒看到，對吧？當事情太多，壓力太大，人就容易逃避。主管事情一多，負荷不了工作而感到疲憊不堪，哪裡還有心力好好帶你。

狄倫曾是我認識最親力親為的職場導師，他會花很多時間指引直屬部屬，無論是在會議上要如何接近有影響力的人，還是面對負面回饋時如何自我調節負面情緒，全部他都有教。狄倫就像園丁一樣，悉心照料著他的部屬如蘭花般，每天澆水五次，並確保花朵都有接受到能滿足生長所需的日照。

直到某天，狄倫升職了。因為他很會帶人的緣故，老闆決定擴大他的團隊，編制從五人變成十人。然而，狄倫和他的老闆當時都沒有意識到，狄倫的帶人方式最適合應用在四、五個人的團隊，因此一下變成十個人他當然無法負荷。

起初狄倫拚了命地加班，工作時間從每週四十小時增加到六十小時，希望能顧及所有人。但幾個月後他就撐不住了。既然無法給每個人每週四小時的時間，那就索性都不給，甚至連一小時都沒有。他不想厚此薄彼，卻又不知道如何變通。

如果你有像狄倫這樣的主管，可能就必須扛下協助他學習新領導方式的責任。

先暫時不要把他們逼太緊，可以將你需要他們指導的事項先列出一份清單，排出優先次序，讓主管明白你提出的十件事中，有九件事並不那麼急迫，這樣既能減輕主管壓力讓他們不再逃避，也能讓你不再因為得不到指引而感到無所適從。

你也可以主動幫忙主管分擔一些工作。大家看到這樣的建議可能會想：「主管都沒有幫我了，為什麼我還要幫他？這也太不公平。」

容我解釋得更清楚一些。主管時間有限，所以如果你幫忙分攤一些事情，他們就會有多餘的時間來協助你。這種方法若運用得當，還有可能因此得到比預期更多時間。坦白說，很多事情由你來做可能還比較快，像是撰寫每週電子報的初稿、處理例行性事務，或是上網找某些主題的相關資訊。因為主管做這些事情時，常會需要同時處理多項任務（研究顯示，我們的大腦無法同時專注於兩件事），所以花的時間也許會是你的兩倍。看似浪費了一小時做這些事，但其實你可能幫主管省下了三小時，他只要留個一小時給你也就值得了。

• 尋求他人協助

很多時候我們都對主管抱有太大期望，他們不但要指引部屬的職涯發展方向，還要針對會議簡報給予改善建議，並且還要學會任何新系統的所有操作，難免忙到分身乏術，當你無法從直屬主管那得到適當的工作或職涯建議，這時候不妨向其他人尋求協助，可能是擁有專業能力與知識的前員工，或是其他還有餘力的同事。

只要跟我工作過一段時間就會知道，找不到我的時候能找誰幫忙。但我注意到，新人大多不太敢這麼做。為何如此？他們擔心接受別人指導會冒犯到我。有人說：「我怕你會覺得被背叛」，我笑著回道：「其實我真的不介意！」

雖然有些人可能會介意，但基本上面對這種情況時大多主管應該都是心存感激。如果真的不確定，你也可以先徵詢主管的意見。

有些主管則是因為自己缺乏專業知識（而且往往羞於承認），所以也只能放你自生自滅。若是這種情況，更是要想辦法從別人身上學習這些專業知識。第二章提到可藉由與不同崗位的同事建立聯繫，拓展自己的人際網絡，這方法也同樣適用於此，直屬主管能力不夠、幫不上忙時，就能詢問這些人的意見。

・指出問題

會變成搞不清楚狀況的主管通常都沒有自覺，他們有些曾經是親力親為的好主管，遇到某些問題才變了一個人，因此不願承認自己的問題；有些則是跟桑德一樣，不但不知道自己多不稱職，也沒有認真觀察過其他主管帶下屬的方式。有時我感覺自己冷落了部屬，卻也沒有人直接告訴我：「你現在真的是很糟糕的主管，我們想念以前的你。」我是從他們臉上露出的絕望神情看出他們的心聲。

別指望主管會自己發現這樣的變化，但也別直接批評對方，正如我在第五章提到的，批評往往會陷入負面的溝通模式，並沒有太大幫助。相反地，我們可以透過本章介紹的一些小技巧，幫助主管重回正軌。

重點複習

1. 主管容易變成惡性循環的管理風格：長時間對部屬忽視不理，久而久之愈來愈不了解每個人工作進展，又擔心自己被排除在外，才又瘋狂插手部屬的工作來展現權力。
2. 其中一個原因是他們也曾遭受這樣的對待，如果主管本身是靠自己跌跌撞撞摸索出來，自然不會覺得你需要受什麼訓練才能當好主管。
3. 他們光是處理上頭交付的任務都忙不過來了，根本沒有多餘的時間指導你。
4. 其他原因還包括忙於微觀管理、只重視自己的手下愛將，或者他們自己也沒有獲得實質協助。
5. 還有些主管不好意思拒絕來自四面八方的請求，時間都被瓜分掉了。
6. 職涯任何階段都有可能遇到這種情況，他們特別常在面試階段對新進人員誇下海口，也容易在給部屬的工作已進入重要的收尾階段時才開始過問。

7. 總是到了績效評估的時候才找你約談，他們還是會在更高層主管面前做做樣子，營造一種有用心帶人的形象。

8. 對付這種主管的第一步是運用輕推溝通法，適時適量地提出要求。

9. 也可以主動幫忙主管分擔一些工作，將需要他們指導的事項先列出一份清單，排出優先次序，讓主管清楚這些事情的輕重緩急。

10. 別害怕找其他厲害的同事幫忙，大部分主管都會對此感激不盡。

第七章
職場心理操縱

庫納獲得在茱莉底下工作的機會時，大家既羨慕又忌妒。茱莉聰慧敏捷、時尚有型，令人望而生畏。二十七歲就成為廣告公司高層中的唯一女性，而且是公司幾十年來年紀最小的高階主管。十年前，茱莉還只是個中層員工。但很快就鋒芒畢露，她沒有依靠任何關係，而是靠自己的實力一步步爬到現在的位置。

庫納的同事也很渴望成為茱莉的愛徒，不惜到黑市賣腎也想換得這樣的機會。但茱莉想找的人既要敏銳機智，又要有些不諳世事，並能天真地看待人性比較黑暗的部分。

庫納完全符合茱莉開設的條件，他總認為職場上沒有壞人，只是大家都各有苦衷。他也時時刻刻保持著正能量，不容許自己有負面情緒。

茱莉和庫納更有共通的成長背景，因此一拍即合。他們從小家境都不富裕，父母都是勞工階級，拿最低工資勉強支付他們的學費，兩人都是靠自己苦盡甘來。自開始工作以來，庫納第一次感覺真正有人懂他。

接著就繼續來看看庫納是如何慢慢走上被茱莉操縱的道路，許多人也都是循著這樣的軌跡而成為受害者。

庫納打從一開始就完全被茱莉迷住了。操控者通常有著令人崇拜的權力地位，而且會以仰慕他們的人為目標，與受害者之間存在著權力不對等（無論是真實抑或是想像）。受害者剛開始會從這種權力差異中受益，茱莉人前人後都大力提攜庫納。

起初他們合作融洽。然後某天開始，不知為何，茱莉創意銳減，設計出來的東西都無法讓大家眼睛為之一亮。我們有時就算殫精竭慮，就是沒什麼靈感，不過這應是很正常的事，然而對茱莉來說就像自己即將江郎才盡，並認為再也想不到任何好點子，彷彿就要被腫瘤逐漸奪走生命般的痛苦。

一想到將要失去這一切，她就感到恐懼不已，因此開始竊取別人各種大大小小的點子。茱莉和功勞小偷一樣先與新進員工裝作是朋友，假好心主動提出要幫忙，再把他們電腦中所有創意構想相關的檔案偷偷存起來。

「大家出乎意料地鬆懈，尤其對自己仰慕的人更是毫無防備之心。」茱莉心想。廣告界最害怕的事，莫過於嘔心瀝血想出來的點子被偷走，而他們卻犯了這麼大的錯誤，大量資料檔案都沒有加密保護，讓她如此輕易就拿到手。

茱莉拿到這些廣告點子後，會把內容稍作修改，然後再給庫納，繼續往下發展出完整的提案。庫納感覺自己跟茱莉合作無間，創造力得到釋放，過往所學終於有了用武之地。而他不知道的是，一開始的創意構想並非茱莉所原創。

合作過程中，茱莉常將職場比喻成江湖，人心險惡、爾虞我詐，耳提面命地要庫納不能透露任何工作進展。她告訴庫納：「絕對不能跟別人說你正在做什麼，竊取想法在我們這個行業是常有的事，我不希望這種事情發生在我們身上。」當庫納看到一群人在會議室裡集思廣益時，他忍不住覺得那些人真傻，心想：「現在每個人都把自己的壓箱寶分享出來，相信不出一個月，大家就會開始互相指控對方竊取想法。」

庫納變得偏執，堅信所有工作內容都要保密，刻意與同事疏遠，拒絕參與任何聚餐和聚會。同事只覺得他和茱莉共事之後變得性情孤僻又怪里怪氣，殊不知這其實是「煤氣燈效應」（Gaslighting）所致。

「煤氣燈效應」一詞源自於英國劇作家派翠克・漢米爾頓（Patrick Hamilton）一九三八年所寫的《煤氣燈下》（Gaslight），講述女主角在丈夫縝密的心理操縱下變得懷疑現實，慢慢開始相信自己精神失常。煤氣燈效應是一種心理操縱，透過各種欺騙手段，讓受害者最終懷疑自己所看到的真實是否屬實，不再相信自己原本對世界的認知。這與一般日常生活中撒點小謊的不同之處在於，這種扭曲現實的謊言是要在精神上完全控制對方。

也許茱莉只是因為工作中遭遇困境、陷入低潮，不想被人發現而用這種手段來保護自己。又或者她已經計劃許久。有些操縱者具有反社會人格，有些則是這種情況的受害者，但最終他們都只是在自己編造出來的虛假世界中扮演主角。

我在本書其他章節中，幾乎都有談到他們為什麼會產生那些行為，了解原因有助於找出對策。但這個章節不太一樣，知道他們這麼做的原因並無法幫助你擺脫困境。一旦被揭穿，他們還會找各種理由和藉口，苦苦哀求你原諒，無論對方表現得多有悔意，都絕對不要答應原諒。

煤氣燈效應已經超出了本書討論的範疇，操縱者的詳細剖析就留給臨床心理學家去解釋。幸好，即使沒有心理學背景，你還是有辦法察覺警訊，繼而找到出路。

如果發現有以下情形，就要特別提高警覺：

1. **透過某些只有你們倆知道的事，讓你感覺自己很特別：**如果上司要你參與具有高報酬的秘密計畫，或是加入只有頂尖人才會受邀的「俱樂部」時，千萬要小心。
2. **讓你感到失去自我價值，好讓你更仰賴他們：**「要不是有我，你早就被炒魷魚了」和「大家都覺得你配不上這份工作，只有我會幫你說話」都是操縱者常會說的話。

3. 長期給予大大小小的虛假訊息：特別喜歡將虛假的八卦消息灌輸給對方，例如「馬克是因為和老闆的女兒交往過，才進得了這間公司，不管他說些什麼，都別相信」。

4. 不斷質疑你的記憶、感知和理智，讓你開始自我懷疑：明明看到對方在做什麼不道德的勾當，存取別人的檔案資料、篡改照片，或者拿著什麼東西走出辦公室，受害者都會覺得是自己看錯。

「樹皮蠍」（bark scorpion）的毒液會讓被叮咬者感到痛不欲生，但有一種生活在沙漠地區的老鼠「食蝗鼠」（grasshopper mouse）是這種毒蠍的剋星。由於神經系統的差異，樹皮蠍的毒液對食蝗鼠而言反而是止痛劑，食蝗鼠即使被叮螫也不覺痛癢，還可以繼續攻擊，最後把樹皮蠍吃下肚。

操縱者很狡猾，一般人通常難以發現他們謊言中的破綻，而且光是想到要揭穿他們，就讓你害怕得膝蓋發軟。想要打敗他們，就得跟食蝗鼠一樣面對攻勢不為所動，還能運用對方的戰術進一步反制，本章會詳細介紹各種應對方法。

不過，我們要先確定自己是否真的被操控了。

被騙了嗎？

談到我們識破謊言的能力，有壞消息，也有好消息。先來說說壞消息吧，科學家幾十年來一直在研究謊言偵測，發現沒有可靠的線索可以用來分辨謊言和真相。有些人認為可以透過觀察行為變化來讀出謊言，但成年說謊者並不一定會比說實話的人看起來更緊張焦慮。雖然一個人撒謊不免透露出某些跡象，但每個人表現出來的行為大不相同。由於沒有絕對可靠的識別謊言機制，所以幾乎不可能透過訓練變得更善於識破謊言，絕大部分普通人辨識出謊言的準確率約為百分之五十四，跟瞎猜區別不大，所以在職場上端看別人與你交談時的樣子，還不足以判斷他們是否在撒謊。

再來聽聽好消息。謊言通常會需要建立複雜的故事架構，說謊者一不注意就會在很多細節上漏洞百出，或是在重述故事時出現前後矛盾。

美國史丹佛大學商學院教授大衛・拉克（David Larcker）與芝加哥大學教授安娜史塔莎・薩克魯其納（Anastasia Zakolyukina）發表了有關企業高層撒謊的心理學研究，在研究過近三萬份企業執行長和財務長發表季財報的視訊會議紀錄後，他們發現特定遣詞用字及表達方式會洩漏講者在說謊的跡象。以下舉三個明顯的例子：

1. 言詞中以複數第一人稱「我們」取代第一人稱「我」，藉此擺脫個人的責任。
2. 說話較為籠統，習慣引用「有人說」、「如你所知」等模稜兩可的說法，較少具體和精確的用詞。
3. 即使財務狀況明顯走下坡，他們仍會使用非常多誇張的正面情緒字眼。

保持正向態度是好事，但不該以此來隱瞞事實。安隆（Enron）前執行長肯尼斯・雷伊（Kenneth Lay）告訴員工：「我認為我們的在核心業務上具備非常強大的競爭優勢。」不久之後公司就倒閉了。每次聽到有人話說得太滿、太誇張，我都忍不住替他們捏把冷汗。

• 懷疑自己被騙時，先查明真相

感覺對方有所隱瞞時，接下來該怎麼做？你可能會很想直接指責，或是在背後議論他們。這些方法在職場上都有其風險。如果是你誤會了，他們說的其實是真話怎麼辦？這肯定會讓人心中有了芥蒂，無法再一起好好工作。

與其直接拆穿對方，不如先私下調查事實真相，找到確鑿的證據，諸如像是打臉對方說法的第三方資訊和信件。操縱者常會說出一些難以核實的模糊陳述，我曾遇過有人習慣性地使用「大家都說」作為開頭，後面再接著說她捏造的謊言。就和拉克、薩克魯其納研究中的說謊者一樣，她的陳述過於籠統，讓人無法辨別真偽。我實事求是地問說：「你說的『大家』是指誰？」而她卻不願說明。

操縱者通常也不會躁進，而是慢慢建構出謊言的世界。就像連環殺手般暗中從遠處觀察著受害者，他們會花時間了解你，包括社交生活、人際關係以及你的弱點，先從小處著手試試水溫。

茱莉告訴庫納，高層主管對她的新構想讚譽有加，她說：「高層給我很好的評價，我們正朝著正確的方向前進」。這是一切謊言的開端，而庫納卻沒有調查一下是誰給了她正面的回饋，所以她變本加厲，竊取更多文件。庫納的天真讓她感到自信又自在，謊言一個接一個，都沒有被識破，就如同叢林裡的豹般悄悄接近獵物。

是否變得與他人隔絕？

謊言和社會孤立都是操縱者慣用的手法，兩者就像蜜蜂和花朵，有著密不可分的關係。他們在職場上常用的社會孤立手段有以下兩種，而這兩種手段都利用了人類的基本需求：歸屬感。

第一種手段是讓受害者感覺自己很特別，是天選之人。就像恐怖組織的領導人會給加入他們的人一個新的身分，讓加入的人感覺自己是在實踐某種神聖的使命，組織外的人較為低等，所以才無法理解。

茱莉就用了這種策略，要求庫納在奇怪的時間工作，並嚴格禁止他跟別人談論工作內容。她說：「我們的創意有可能會被剽竊，在我們的提案登上紐約時代廣場廣告看板之前，不許走漏風聲。」

第二種手段是貶低受害者的自我價值。藉由不斷否定受害者的價值，令對方產生恐懼或者羞辱的感覺，導致自尊低落，擔心說出來可能就會被開除。新進員工和社交聯繫較少的人特別容易受到這類型的心理操縱所影響。

我曾親眼目睹這種無助的心理狀態。卡蒂娜剛進公司時精力充沛、充滿創意，但六個月後變得冷漠且疏遠。我問：「最近過得怎麼樣？你和泰勒關係融洽嗎？」（泰勒是她能言善道的上司）。卡蒂娜只給了我制式回應，說他們處得很好，她學到很多東西。

我嗅到一絲不對，於是更深入挖掘。泰勒無法留住人才，大部分年輕員工待不到一年就離開了。但因為沒人投訴，所以問題也沒有受到正視。我逐漸了解到，泰勒會一點一滴地蠶食受害者的自尊心，讓他們變得孤立。她先在小事上羞辱對方，要卡蒂娜改掉口音，大家才會認真看待她所說的話。卡蒂娜尷尬不已，再也不敢在會議上發言。慢慢地，泰勒話愈說愈重，她會說：「你的文筆很糟糕，要是沒有我幫你背書，根本沒人想看你的作品」和「大家都覺得你很古怪又難聊，你還是別去週五的公司聚會了吧」。泰勒還警告她，如果她去舉報，別人肯定會覺得是她忘恩負義，把自己的名聲搞臭。卡蒂娜也和之前那些人一樣，不到一年就辭職了。

有沒有被要求做不道德的事情？

操縱者可能還會要你做些不道德的事情，通常是從小事開始，他們深知「滑坡效應」，人們對於行為的細小變化很難將其界定為不符合倫理規範，大的變化較容易發現其中的不道德性，而一旦開始了，我們就會像踏上滑溜溜的斜坡般一發不可收拾。

耶魯大學心理學家史丹利．米爾格倫（Stanley Milgram）及其團隊於一九六〇年代初進行了一項非常知名的科學實驗。參與者將扮演「老師」的角色教導隔壁房間的「學生」，如果學生答錯題目，老師就要對學生施以電擊，每逢作答錯誤，電擊的伏特數也會隨之提升。「學生」其實是由實驗人員假冒的，根本沒有所謂的電擊。結果實驗發現，很大一部分參與者都被施予最高電壓的待遇。為何如此？因為「老師」也就是參與者被要求一點一點增加電壓，而不是一次加到最大。

別變成米爾格倫實驗的參與者。他們一開始可能只是請你幫忙拿一下同事桌上的文件夾，或是幫他們把資料「清掉」，但往往會逐漸下達更多、更違背良心的命令。

我曾被操縱者要求服從權威、遵從命令，這些都是警訊，上司沒道理像個校園霸凌者一樣說話。

心理操縱常發生在……

很多人會問我，應該要避免哪些社會情境，才不會受人操縱，我會提醒他們注意以下時間點。

- **關係親近時**

主管與部屬的關係有時會像師徒般親密，很多事都能避人耳目地秘密進行。蓋瑞是我認識最機靈的操縱者，任何骯髒勾當都能做得不留痕跡。安排會議時，甚至不會事先說明會議主題，一切都等見到面才會知道。後來他的部屬潔絲娜察覺事情不對，開始會將他們的私人會議內容詳實記錄下來，再寄給蓋瑞時，這可是讓蓋瑞嚇得不輕，留下紀錄往往是操縱者的致命弱點。

‧相信他們所編造的美好未來時

麥可是一名研究助理，和上司史嘉蕾過去幾個月來秘密進行著一項科學實驗，史嘉蕾常跟他說：「等研究成果發表之後，就會有很多工作機會找上你」，由於學術就業市場萎縮，這些話著實幫麥可打了一劑強心針。

他們原本一起埋首在電腦前分析資料，後來史嘉蕾臨時有事去處理了一下，麥可發現檔案讀取後，很多資料都變成亂碼。史嘉蕾回來後看他滿臉疑惑，趕緊說道：「一定是用錯檔案了，你去休息一小時再回來吧，我會把這些資料整理好」。等他回來時，研究數據不知為何都變得符合預期的研究假設。

操控者看準了你的弱點，當他們描繪的未來過於美好而讓人難以置信時，就要特別小心了。心理操縱通常會被認為帶有虐待性質，但其實並非如此，很多時候感覺比較像是荒漠中的海市蜃樓。

• 你無法為自己辯解時

操縱者早就預想到受害者有天可能會識破圈套，所以他們會準備許多不利於受害者的不實指控，在受害者想要發起反抗時向外界散布。

我聽過很多這類的悲慘例子，不過最讓我印象深刻的是露西的故事。露西被上司約翰操控了長達四年的時間，某天和一群朋友共進晚餐，偶然得知其中一位朋友也曾在約翰底下工作，兩人聊了一下。

露西這才恍然大悟。

她感到羞憤交加、身心俱疲，因而決定遞交辭呈，準備兩週後離開公司。然後露西到處跟同事說約翰的恐怖行徑（我一般不鼓勵這種作法，但有時還是要給對方一點報應），約翰意識到現在正是展開攻擊的好時機，因此他召集了高層會議，講述露西這四年來有多麼缺乏專業且粗魯無禮，約翰早已為這天做足了準備。

這已經是約翰第三次使出這招了，所以高層主管並沒有太相信他說的話。

或許舉的例子有些極端，但我只希望大家都能意識到，操縱者往往會收集你的種種汙點，隨時都能對你惡意中傷。

如何脫離魔掌？

心理操縱有如蜘蛛網一般難以掙脫，你已經蛛網纏身、被毒液痲痺，蜘蛛正準備將你大快朵頤，這時候真的很難脫逃，但並不是完全沒機會！只是這個過程需要時間和耐心，關鍵在於你是否耐得住性子，並且願意走出舒適圈。

• 重新掌握自己對事情的記憶

庫納內心深處知道事情並不單純，茱莉產出新內容的速度超乎尋常，深怕他使用公司印表機時遺落資料，那過分恐慌的模樣實在太奇怪。某天深夜，他確實看到茱莉登入一位同事的帳號，隔天茱莉卻說這是他自己憑空想像，庫納不禁懷疑是不是自己看錯了。

為了持續控制你，操縱者會刻意把事實扭曲，盡其所能地讓你相信他們所捏造出來的事實。

有時在某個稍縱即逝的瞬間，你可能查覺到一絲不對勁，別等到事情結束後再來質疑自己的理智。人的記憶本來就不可靠，倘若再加上有人從中操弄，到了隔天根本無法確定實際發生了什麼。

只要感覺不對，就趕快寫下來、錄音或拍照存證，盡可能地保存好這些東西。等你準備好敞開心扉向他人求助時，這都會是非常寶貴的證據，能增強自信心，讓你自在地面對問題。

• 穩妥地建立起自己的支持網絡

應付操縱者最有效的對策是「尋求外界的幫助」，這也是他們一直以來想盡辦法不讓你做的事。你現在可能會覺得自己很久沒好好跟人社交，一想到要與人接觸，就讓你心跳加速、手心冒汗。

除了這些緊張情緒之外，創傷還會造成我們無法好好的判斷外界訊息是否有具威脅性。戰爭倖存者、車禍受害者和親密關係暴力的受害者都有個共通點，他們在解讀他人情緒時容易產生「威脅偏見」，把沒有威脅的事情當作是威脅，別人可能只是面無表情，他們卻覺得對方在生氣。創傷經驗也會讓人難以快速辨識出熱情友好的臉部表情，可能職場上很多人都願意幫助你，但長期一直感受到威脅、恐懼害怕，這樣的高壓狀態導致你環顧四周時，看到的盡是輕蔑和藐視。

首先要察覺到我們的偏見，才有辦法克服它們。很可能同事都不知道你正在被他人操縱。別忘了，心理操縱是神不知鬼不覺地進行，你不說，操縱者更不可能說，當然就不會有人知道。

為了克服這種偏見，建議想辦法建立自己的人際關係，練習從身邊親近的人開始，比如說以前比較要好的同事。假想自己剛進到一間新學校，決心要在年底贏得舞會女王的頭銜，要怎麼變得受歡迎？平時跟你較有親近互動的人，往往比較會願意相信你，從這些人開始慢慢一點一滴建立起人際支持網絡。

有些受害者清醒之後，會想直接尋求最有權勢的人幫忙，向他們訴說經歷，希望能讓情況有所轉變，但這樣的方法往往無法奏效。因為在你受困於被操控的折磨時，操縱者同時也在用盡心機經營權勢與地盤，跟關鍵人物打好關係。因此，不要以為有權勢者一定會站在你這邊，培養自己的人際關係才能讓人真正信服。

• 尋找社會參照

普林斯頓大學心理學教授貝西．帕勒克（Betsy Paluck）對校園霸凌現象進行研究。她發現，預防霸凌事件最有效的策略是找那些校園裡的人際關係高手，也稱為社會參照對象，直接向他們宣導反霸凌觀念。成為社會參照對象的原因很多，可能是備受歡迎、討人喜歡或地位優越，而他們的一大特點就是能引起同儕的關注。

社會參照對象的五個特徵

1. 人脈廣，無論是負責設定電腦的技術團隊人員，還是長期在組織中擔任領導者的大人物，他們都認識。
2. 清楚公司制度規範，知道哪些行為被允許，哪些不允許。
3. 善於觀察周遭動靜，會注意到現任主管和前任主管鬧得不愉快，五年後這兩人和好了，他們也看得一清二楚。
4. 別人都知道他們遇到事情會有什麼反應。有人說話時被打斷（他會跳出來講公道話）或是辦公室門鎖故障（他認識專業鎖匠），大家都知道社會參照對象會做些什麼。
5. 他們是連結各種不同人的唯一橋樑，一下和業務主管吃飯，一下跟員工餐廳經理聚餐。

想找回支持網絡，不妨先試著找一個社會參照對象，不僅和你站在同一陣線，還能將當權者聚集起來，一起討論你的問題。

還記得我前面提到的朋友麥克嗎？他被上司史嘉蕾說服一起進行「秘密實驗」後，找了個參照對象傑克，兩人分屬不同研究團隊，研究領域也不一樣。傑克十分理性與冷靜，最重要的是，大家會相信他說的話。雖然無權直接開除史嘉蕾，但傑克敲響了一記警鐘，讓更上層的人正視這件事，後來麥克也調到別的研究團隊，同時給予保護以避免遭到報復。

- **以徵詢意見為由，接近能幫助你的人**

我在紐約大學的領導力培訓課程中學到，把問題直接了當地說出來，容易因此觸怒對方，這時候不妨繞個彎，用不同的方式間接切入。

走進某人的辦公室，開門見山劈頭就說「我想談談過去三個月我是如何遭受到鮑勃的折磨」，可能沒辦法馬上讓你達成目的。可以試試拿比較小的問題與對方討論，例如：過去三個月操縱者都沒有給你意見回饋。

庫納第一次注意到茱莉有問題時，聯繫了一些以前有過往來的人，跟他們說：「我知道我們好一段時間沒講過話，但我希望能聽聽你的意見」。然後他談到自己在職場上過度疏離的人際互動模式（只與茱莉一對一交流，跟其他同事缺乏互動），詢問資深主管如何看待他與茱莉的關係。雖然有人不相信他所說的話（「我們對你不熟悉，所以比較相信茱莉」），但也有人給予正向的回應和支持（「這真的不對勁，我可以把這件事上報給公司高層嗎？」）。

對庫納來說，這會是比較安全的因應策略。他有機會找到社會參照對象，讓公司高層重視這個問題，而且就算茱莉得知他到處找人徵詢意見，也根本無從反擊。

• 別急著攤牌

本書大部分的章節都著重討論如何以健康且有效的方式正面交鋒，但這並不適用於心理操縱的情況。當面指責操縱者說謊通常無濟於事，反而還會讓情況變得更惡劣，他們有可能改變說謊策略，或是出其不意地反將你一軍。別忘了，你長期活在操縱者所捏造的世界裡，並不清楚他們在外界世界動了什麼手腳，比如說收集許多被害人參與其中的證據，意圖讓被害人成為共犯。

庫納這幾個月來也有一同編輯偷來的資料，雖然是在不知情的情況下，但茱莉認為他同樣有罪。風聲傳出後，她隨即找上庫納，威脅道：「你脫不了身的！你也有用那些偷來的東西！」她就像是把獵物逼到角落的貓咪，還要玩弄一下再吃掉。

儘管沒有確切證據，茱莉仍強烈懷疑自己是遭庫納出賣。庫納愈是不遵守遊戲規則，她就變得更具侵略性。庫納最終了解到，在脫身計畫還沒到位之前，最好還是保持安靜，默默把她的謊言記錄下來。沉默是庫納最有力量的武器，也能盡量避免讓茱莉發現背後正在進行的計畫。茱莉謊說得愈多，庫納手上累積的證據就愈多，而關鍵在於他的心態已經從盲目接受轉變為不斷質疑。我很少推薦迴避衝突的策略，但這種情況真的急不得，慢慢脫離關係才有可能全身而退。

操縱者想博取你的同情，該如何應對？

職場上操縱者若沒有受到懲罰，這將嚴重打擊士氣。心理操縱是一種心理傷害過程，就像父母離異的孩子，大家也都被迫選邊站。真相揭露後，公司高層不得不採取行動及時止血，遏制這些醜聞對公司聲譽的損害，茱莉怕被懲處，所以到處跟別人說庫納才是主謀。

遇到這種情況，小心別被操縱者利用來散布不實謠言。若是不確定要站在哪一邊，那就保持安靜，讓流言蜚語就此打住。

社會排斥可以有多種形式，不給予同情就是其中一種。庫納的社會參照對象讓所有人達成共識，一致認同不能縱容茱莉這種惡意抹黑的行為，當她接近時，大家都會盡量減少不必要接觸。尷尬又生硬的談話讓茱莉碰了軟釘子，她很快就知道自己這招不管用了。

盡可能削弱操縱者手中握有的權力，還要避免他們成為公司規則制定者和系統管理人員，不讓他們有機會對其他人伸出魔掌。

同事看起來深陷其中而不自知，我該怎麼做？

每次只要我談到職場心理操縱的問題，反應大多是「糟糕，我同事應該是被人操縱了。」要清楚認知到這件事並不容易，一旦察覺職場上有人受到操控，這時候該怎麼做才好？

正如先前所說，受害者通常不敢公開說明自己的遭遇，所以我們能從他們身上獲得的資訊有限。還記得卡蒂娜嗎？她的上司泰勒經常出言羞辱，讓她逐漸變得不敢表達自己的意見。卡蒂娜最後選擇離職，而不願出面指控泰勒的種種行徑。

若發現同事變得不怎麼參與合作的專案，對於工作上和私底下人際關係的維繫都興趣缺缺，只跟主管密切接觸，那事情可能就沒那麼單純，這時候不妨試試這麼做（與前面提供給受害者的建議有些類似）：

- 成為對方的社會參照對象，或是幫他們跟社會參照對象搭上線。
- 幫助受害者無論身體和心理上都能與操縱者保持適度距離，例如：移動辦公桌或邀請他們與其他同事一起共進午餐。
- 如果受害者無法放心地對你吐露實情，那你可以居中牽線，讓他們認識能信得過、口風夠緊的人。受害者長期隔絕於人群，很難信任他人，經常擔心自己說壞話會遭到報復，所以依循正式途徑處理較能減輕他們的擔憂。

就算很想說出去，也要想盡辦法忍住，消息若是傳回操縱者耳裡，他們的自我防衛心變得更重，可能會將受害者置於更不利的處境。

面對無關緊要的謊言

當然也並非所有說謊情形都是心理操縱，與人相處的過程中難免會遇到對方不誠實，或是有控制傾向。也許你的主管沒有嚴重到會捏造虛假的情境，但確實會耍一些小手段，譬如撒點小謊來抹黑他們嫉妒的人。很多職場惡霸或媚上欺下者都經常如此。

我們有需要對付這些人嗎？我會先問問自己，那些謊言的本質是什麼？如果只是涉及別人的私事（例如：「你有聽說鮑伯想約珍出去，結果被打槍嗎？」），就不要回應，讓這些流言蜚語就此打住，鮑伯敢肯定無比感激。

這些人不一定是想損害他人聲譽，我曾認識一個人，總是喜歡跟別人胡扯瞎扯，為得只是想交朋友，所以拚命想擠出話題來，謊言的內容多半無關緊要，她只是想開個玩笑來炒熱氣氛。

但要是謊言涉及到工作，那就有必要用我前面提到的方法了解真相。膽子夠大的人可以自己挺身而出，但我認為更有效的策略（而且能對說謊者造成更大的傷害）是尋求社會參照對象的幫助，或是集結同樣受影響的同事，發揮群體的力量，遏止那些人繼續說謊。

說謊行為若沒有及早制止，很容易就習慣成自然。對於那些愛亂說八卦謠言的人，我也有個辦法，大家只要有聚會活動都暫時不要邀請他們，直到他們有所改變為止，藉此讓他們明白那樣的行為並不適當。

心理操縱非常複雜，對於我們的心理極具破壞性。縱使我們不願承認，但操縱者確實有些能耐，可能是有著很強的人格魅力和說服技巧，這使得擊敗他們難上加難。而受害者面臨的最大障礙有時其實是自己，真的很難承認自己幾個月，甚至幾年來一直在操縱者捏造的虛假情境中扮演著配角。所以這時候職場上能有一些支持你的盟友就非常重要，包括身邊要好的同事、社會參照對象和其他主管，他們能形成一層保護膜，阻絕操縱者的接觸。一旦感覺到有人重視你、關心你，也能重拾信心並掙脫他人操縱，拿回主導權。

重點複習

1. 職場上到處充斥著謊言，可能是撒個無傷大雅的小謊來讓社交活動順利進行，或是以謊言掩蓋錯誤來自我保護。
2. 沒有絕對可靠的識別謊言的方法，端看一個人與你交談時的行為舉止，很難判斷出他們是否在撒謊，還是需要更深入觀察。
3. 複雜的謊言容易在很多細節上漏洞百出。如果有人刻意迴避個人責任（常用「我們」、「他們」而不用「我」）、習慣用模稜兩可的說法，並且顯得過於正向積極，那通常是隱瞞了什麼。
4. 心理操縱和一般說謊的不同之處在於，操縱者會試圖孤立受害者。他們常用的孤立手段有以下兩種：一是讓受害者感覺自己很特別；二是貶低受害者的自我價值。
5. 心理操縱大多是避人耳目地秘密進行，操縱者會小心翼翼地不留下書面紀錄。

6. 心理操縱不一定都感覺像是虐待，很多時候他們會描繪出好得令人難以置信的未來，讓受害者深陷其中。

7. 操縱者在控制你的同時，也在用盡心機經營與權勢之人的關係，以免未來遭指控時能夠自保。

8. 擺脱操控需要他人的幫助。從平時跟你較有親近互動的人開始，慢慢建立起自己的人際支持網絡，並試著找一個社會參照對象（受人關注且交友廣闊的人）。

9. 如果不敢敞開心扉與人談論自己的經歷，不妨先從比較小的事情開始，聽聽別人的意見。

10. 真相揭露後，操縱者可能會跟大家散布不實謠言來推卸責任，不能縱容他們這種惡意抹黑的行為。

結語

二〇二一年二月十八日火星車毅力號（Mars Perseverance Rover）登陸火星，開始在這顆紅色星球上尋找遠古微生物生命跡象、收集樣本以供未來帶回地球研究。美國國家航空暨太空總署（NASA）噴氣推進實驗室（Jet Propulsion Laboratory）的飛航工程師羅伯·唐納利（Rob Donnelly）負責讓毅力號順利在火星地表著陸。

羅伯告訴我：「我花了三年半的時間就為了著陸的這關鍵十秒。」他是著陸器視覺系統（Lander Visions System）的現場可程式化邏輯閘陣列（FPGA）驗證負責人，必須確保毅力號著陸時，能夠弄清楚所在位置，以免出現任何閃失。我們在地球上還可以用全球定位系統（GPS）來判斷位置，但在火星上沒有GPS，只能透過電腦視覺（Computer Vision）進行辨識。在探測車進入試製階段之前，羅伯的團隊在模擬階段花了很多時間反覆試驗，演算模擬各種登陸狀況組合。因為火星表面崎嶇不平，只要稍有閃失，毅力號就有可能落在巨大石塊上撞得粉碎。

這十秒可說是羅伯職業生涯中最令人振奮的時刻。看著直播畫面中毅力號成功登陸火星，以及一張張參與建造的工程師和科學家的面孔。在過去這二十多年社會心理學的從業生涯中，我從未如此深受旁人情緒感染。從那種焦慮和不確定感，到後來的歡欣鼓舞如濃霧般襲來，還有他們為同一目標奮鬥的情誼也令我深受感動。

宣布成功著陸後，在場的人都被感動得落淚。羅伯無比興奮，這種感覺似乎無窮無盡：「雖然我的身體在地球，但心思全都在火星上。我什麼都做不了，花了整整一週的時間才冷靜下來。」

他參與了我們這一代極為重要的一項科學突破，實在難掩心中的激動。

羅伯為了那關鍵的十秒，三年來每天和同樣這些人一起合作，有挫折、衝突，還有各種阻礙團隊合作的絆腳石。雖然是集結了全球頂尖的科學家和工程師，但他們畢竟還是人，也不免出現爭功奪利和搭便車者的問題。

職場上常發生衝突，身心也會承受很大的壓力和焦慮，從而影響後續工作合作。但對於毅力號團隊來說，絕不能讓這種衝突壓力持續瀰漫，他們不能失去任何成員。由於工作涉及到很多專業領域，時間又很緊迫，如果同事之間出了什麼問題，他們必須馬上解決。

設想如果羅伯剛開始兩年媚上而欺下，對其他同輩工程師蠻橫無禮，他的上司會因此在最後剩下一年半的時間把他換掉嗎？應該不會。光是探測車的建造就耗資超過二十億美元，不可能因為他態度不好，就換掉負責登陸任務的重要角色（也不必換掉他，羅伯人很好，這只是個假設）。

有人可能會想，這樣的計畫意義重大，NASA和噴氣推進實驗室理應使出撒手鐧，高薪聘請一些厲害的社會心理學家來化解團隊衝突，但他們並不需要，羅伯及其團隊用了我在本書中提到的策略來預防和處理衝突，不用耗費大量寶貴的時間和金錢，也能得到很好的效果。

羅伯說：「團隊中有很多工作層級和組織結構，沒有人知道探測車（毅力號）的所有細節。」他們和許多富有創造力、節奏緊湊的團隊一樣，大家有什麼想法會提出來互相討論，而這種層級多的團隊也容易面臨功勞歸屬的難題。

「功勞分配方面做得並不好。」羅伯回憶道：「某些情況下，我覺得個人貢獻可以更受重視。」

羅伯注意到，開會時他們太常把成果歸功於整個團隊，抹煞了個別的努力。有時只說「問題在於X，解決方案為Y」，完全沒有提到是誰想出解決辦法。

羅伯的團隊很快就想辦法解決了這個問題，他們開始會肯定個別成員的貢獻，並向上司說明每位成員負責的工作。不管場面多混亂、時間多麼緊湊，還是會追蹤個人的工作成果。如此一來，就沒有人可以不勞而獲，也沒有人能獨攬功勞，讓每個人都能感到被認可、有參與感且受到賞識。

「主要有一兩個人代表團隊發言。」羅伯解釋道。「後來他們彙報工作情形（當週進展）時，會一併講出貢獻者的名字。他們不會說：『我們發現了問題、尋找可能的對策，並且加以驗證得出最佳解決方案』，而是說：『A發現了問題、B尋找可能的對策、C加以驗證得出最佳解決方案』，然後藉由講述簡短的故事，來強調個人是如何克服挑戰並作出貢獻。」

羅伯的團隊了解到，僅僅是改成直接說出名字，就足以讓人覺得自己得到了應得的榮譽。盡快開始這樣一個小小舉動，並經常這麼做，就能防止問題惡化，而且做起來毫不費力又不用花錢，任何人都能採用這個方法。

羅伯這樣的工作需要承受了極大的壓力與風險，因此一旦出錯，大家很容易就會互相指責。

他說：「計畫進行到某個時刻，我們會陷入準備工作沒辦法如期完成的窘境。我們在同一條道路上前進，完成一件件任務，但到了道路盡頭才發現，我們還有一大堆未完成的工作。」

很多團隊都會經歷這樣的階段，這時候有人會順勢掌握主導權，也有人能趁機混水摸魚，但羅伯的團隊及早發現且用心處理，所以能快速而有效地解決問題。他們會先排定優先順序，然後妥善分配工作讓團隊各司其職。工作完成後，他們又能變回像朋友般相處：「我們每個月定期聚會，還會一起慶祝排燈節（Diwali），遇到工作上的難題，我們也會一起努力解決，而不是互相爭鬥。」

有些人會覺得，毅力號團隊的科學家和工程師這三年半一定是全心投入工作，沒有時間和同事建立好交情。但其實並非如此。

他們知道工作夥伴間若是關係不好，團隊也很難順利合作下去，不過幸好這不像火箭科學這麼複雜難解，只要能預先察覺到蛛絲馬跡、了解某些行為產生的原因，並學習如何打開溝通渠道，就能輕鬆化解種種問題。

這樣你就有時間鑽研火箭科學這類真正的高深學問。

謝辭

感謝傑・範・巴維爾（Jay Van Bavel）在我還深陷自我懷疑時，就相信我能夠寫出一本書，也很謝謝海蒂・格蘭特（Heidi Grant）鼓勵我用幽默的方式來寫這個讓人感到壓力與恐懼的話題。若沒有他們給了我寫這本書的靈感，我永遠也沒有信心寫出這本書。

我兒子馬蒂（Matty）也幫了大忙，他總會跟我分享二年級校園生活的趣事，讓我在閉關寫作期間不那麼煩悶，真是感激不盡。他的那些故事讓我了解到，校園其實跟職場一樣，也有竊取樂高積木創意的「點子小偷」以及每次故事時間都搶著唸故事給全班聽的「惡霸同學」。

許多人給了我書中故事的啟發。感謝我母親，常常跟我講些她自己好氣又好笑的職場困境故事；感謝我的手足讓我確信他這種「電腦達人」在職場上能有相當好的人際關係；也很感謝珍妮特・安（Janet Ahn）針對職場混蛋問題，提供了十分寶貴的故事與建議。

感謝羅伯・唐納利（Rob Donnelly）親切地分享他在毅力號上的工作經驗，還要謝謝哈利勒・史密斯（Khalil Smith）就如何改進自我檢測問卷部分提出建議。

感謝我過去和現在的學生，還有一起合作過的研究者。沒有他們，我在本書中所談論的實驗研究都不可能實現。感謝凱特・索森（Kate Thorson）與奧娜・杜米特魯（Oana Dumitru），他們對如何研究人與人之間的動態的見解（同時測量行為和記錄生理訊號），使我們的研究想法能夠實行。感謝查德利・斯特恩發揮創意，想出用椅子衡量人際距離的方法，還要謝謝喬・馬吉（Joe Magee）、林迪・古利特（Lindy Gullett）和莎拉・戈登（Sarah Gordon）找到在復雜的社會環境中操縱人與人之間相似性的辦法。感謝蓋文・基爾達夫（Gavin Kilduff）和余思宇盛情邀請我參與他們所做的身分地位相關研究。

感謝溫迪・門德斯（Wendy Mendes），她教會我如何讓實驗更接近真實生活的情境。感謝我的老師戴夫・肯尼（Dave Kenny）與傑克・多維迪奧（Jack Dovidio）給我的指導，我也希望能以這樣的方式指引學生。

感謝經紀人納特・傑克斯（Nat Jacks）在本書形成過程中給了我十分詳細、經過深思熟慮的回饋，而且總是能讓我對自己的想法充滿信心。感謝編輯利亞・特勞博斯特（Leah Trouwborst）和尼娜・羅德里格斯-馬蒂（Nina Rodriguez-Marty）注意到書中很多難以察覺的細節。沒有你們的幫忙，這本書恐怕永遠不會問世。

附錄：我遇到的是什麼樣的職場混蛋？

你遇到的混蛋是同事還是主管？

請參考翻頁後的圖表，看看自己遇到的是哪一種職場混蛋。

同事

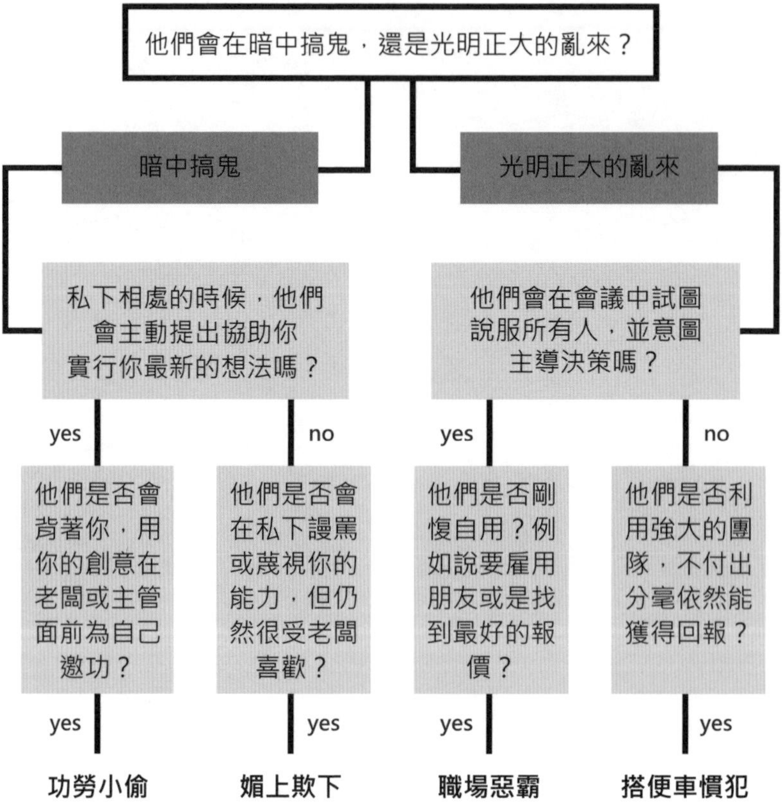
他們會在暗中搞鬼，還是光明正大的亂來？
暗中搞鬼
光明正大的亂來
私下相處的時候，他們會主動提出協助你實行你最新的想法嗎？
他們會在會議中試圖說服所有人，並意圖主導決策嗎？
yes
no
yes
no
他們是否會背著你，用你的創意在老闆或主管面前為自己邀功？
他們是否會在私下謾罵或蔑視你的能力，但仍然很受老闆喜歡？
他們是否剛愎自用？例如說要雇用朋友或是找到最好的報價？
他們是否利用強大的團隊，不付出分毫依然能獲得回報？
yes
yes
yes
yes
功勞小偷
媚上欺下
職場惡霸
搭便車慣犯

主管

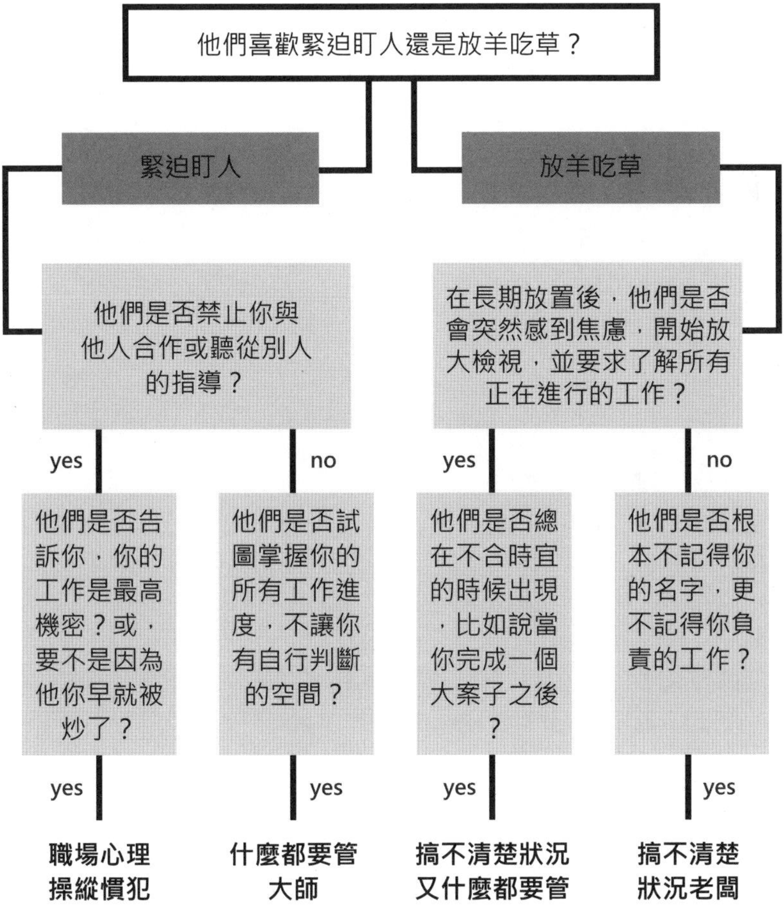
他們喜歡緊迫盯人還是放羊吃草？
緊迫盯人
放羊吃草
他們是否禁止你與他人合作或聽從別人的指導？
在長期放置後，他們是否會突然感到焦慮，開始放大檢視，並要求了解所有正在進行的工作？
yes
no
yes
no
他們是否告訴你，你的工作是最高機密？或，要不是因為他你早就被炒了？
他們是否試圖掌握你的所有工作進度，不讓你有自行判斷的空間？
他們是否總在不合時宜的時候出現，比如說當你完成一個大案子之後？
他們是否根本不記得你的名字，更不記得你負責的工作？
yes
yes
yes
yes
職場心理操縱慣犯
什麼都要管大師
搞不清楚狀況又什麼都要管
搞不清楚狀況老闆

測驗（一）

我算是職場混蛋嗎？

歡迎來到「我是職場混蛋嗎？」小測驗！接下來會有各種不同的職場情境，透過評估遇到這些棘手問題時的應對方式，來了解自己是陰險狡詐的騙子、經典的混蛋、敷衍了事的人，還是理想的同事。建議大家閱讀本書之前測試一次，讀完之後再測一次，你可能會看到一些有趣的變化。

測驗的最後有兩個部分。第一部分包含了計分表，以及這四種類型的說明。第二部分則是會進一步解釋我設計每個答案的邏輯。這個測驗的目的並不是要把你歸為哪一類，而是希望能讓大家對於處理職場上人與人之間的問題有一些新的看法。

這不僅是自我評估測驗，也可以把這個測驗當成一種工具，用來跟同事、下屬和主管討論彼此對於這些假設情境的看法，了解其他人看待這些問題的角度。

你也能透過大家的回答更加了解公司的文化。如果同事的答案都比較偏向「陰險狡詐的騙子」這個類別，那就代表這間公司會是競爭比較激烈的環境。下次公司聚會讓大家一起測驗看看吧，應該能展開一段有趣的談話！

1. 你最近開始了一份賣襯衫的工作，老闆之所以錄用你就是因為你是整理衣物方面的達人，桌上每件襯衫都看起來很完美。某天，你注意到新同事傑克沒有把襯衫摺整齊，顯然他沒有遵循該有的摺法，而老闆也站在一旁監督。這時候你會怎麼做？

(a) 以老闆能聽到的音量大聲糾正傑克，讓老闆知道你在做什麼。
(b) 等之後只剩你和傑克兩人獨處時再私下糾正，不要讓對方沒面子。
(c) 袖手旁觀，不關你的事。
(d) 不提醒傑克，之後再偷偷找老闆訴說你的擔憂，說他連衣服都摺不好，還能做好什麼事？

2. 公司在這週陸續發放了年終獎金。你從事銷售方面的工作，所以獎金直接反映了你當年的業績。為慶祝獎金發放，公司會舉行大型聚會活動，你參與活動時有什麼計畫？

(a) 聚會到處打聽大家拿到多少獎金。你來這裡的目的只有一個，就是弄清楚誰是贏家、誰是輸家。

(b) 你只關心芮娜的獎金多寡，因為你正在與她競爭銷售協理職位，必須知道彼此的差距，所以你直接問她今年領到多少年終獎金。

(c) 這是個人隱私，不跟同事討論。

(d) 詢問主管別人的獎金是否比自己多或是少，直接從源頭獲得情報。如果主管避而不答，就多問幾次。

3. 你是一名建築師，最近剛到一個新團隊，有個刁鑽難搞的百萬富翁找你們幫他設計豪宅。今天要開第一次面對面的會議，而老闆這週臨時出差，但他要你們

照常舉行會議。這時候你會有什麼行動？

(a) 滔滔不絕講述自己過去的豐富經歷，提議由你來帶領團隊。你對於要如何設計已經有諸多想法，唯有讓你主導，才有實現的可能。

(b) 提議大家先自我介紹，說說自己的工作經驗。你可以從中了解誰會是你的勁敵。

(c) 從頭到尾什麼都不說，讓其他人來計劃就好。

(d) 與他人合作，一起專注於當天會議的目標。你不希望會議效率低下，且時間拖得冗長。

4. 你晉升有望，但凱文也是公司考慮的晉升人選。凱文很尊重你，你們平時相處融洽，但最近較勁意味濃厚。你知道凱文受上司喜歡，這讓你很緊張。這時候你會：

(a) 讓上司知道凱文的缺點。你希望上司了解全貌，才能做出最明智的選擇。
(b) 專攻另一位高層主管錫耶納，他掌握了升遷與否的決定權，且善於影響他人的決定。你會跟他說凱文的壞話。
(c) 把時間和精力放在展現自己的能力上，尤其是凱文不在場時。
(d) 盡自己的本分，升不升遷就讓上司決定，不需要搞小動作。

5. 你所在的團隊正在進行一項需要發揮創意的專案，每次團隊會議大家都必須不斷拋出點子，最後再選出五個向上層提案。有一次，莎拉的見解跟你五分鐘前提出的內容非常相似，後來你的想法沒有被採用，但「莎拉」的點子卻被選中。這時候你會：

(a) 斥責大家，要他們分清楚你和莎拉，你們長得又不像。
(b) 什麼也不說，自己生悶氣。
(c) 好好跟團隊成員討論你感受到的委屈，同時也提供一些解決方案，例如大家可以怎麼樣記錄各自的貢獻。

(d) 問莎拉為什麼大家稱讚她的想法時沒有馬上糾正大家，即使她不願說出真相，她也應該要這麼做才對。

6. 你參加大夥為你舉辦的升遷慶祝派對。過去六個月來，你和你負責指導的直屬部屬莎夏合作無間，促成大筆交易。莎夏聲稱你偷了她的構想，而且獨攬功勞，今天才有這樣的升遷機會。莎夏在酒吧裡氣呼呼的，你會怎麼做？

(a) 不理她，開心享受派對。為什麼她那麼掃興？她最好不要星期一還跟我擺臭臉。

(b) 向大家發表演說，感謝莎夏所做的一切，甚至連她沒有做的事也一併感謝。如果她還繼續抱怨，就會顯得忘恩負義。

(c) 硬著頭皮與莎夏談談，釐清誰做了什麼。盡可能消除怨憤，而不是讓事情變得更糟。

(d) 找上辦公室受歡迎人物，讓他們知道莎夏滿口謊言，竟敢破壞你的名聲？

7. 上司曾向你保證之後辦公室搬遷後，你會有一個漂亮的大空間，自然採光且有拱型挑高設計。然而搬遷那天，你發現自己的辦公室空間狹小、環境不舒適，原本答應要給你的那間，卻給了新人凱爾。主管要你自己跟凱爾協調，你會怎麼做？

(a) 告訴凱爾是公司搞錯你們的辦公室，然後要他跟你交換鑰匙。

(b) 巧妙地讓上司知道，如果他不解決這個問題，你會對工作失去熱忱，恐怕無法順利推行計畫。

(c) 跟執行長約翰抱怨這件事，你們的孩子是同一個壘球隊，所以有點交情。約翰當然有辦法解決。

(d) 試探凱爾，看他願不願意來點條件交換。如果他把辦公室讓給你，你就幫助他拓展人際關係，讓他在職場上更加順利。

8. 老闆要你加入一個工作小組，負責規劃讓大家更輕鬆地適應重回實體辦公室的過渡期。你們首先要收集資料來了解大家的意見，但只有你具備資料收集和處理所需的專業技能。老闆一臉無助地看向你，這時候你會怎麼做？

(a) 幫忙製作工作場所調查問卷，並與所有人分享資料，但密碼和資料處理的方法只有你知道。你的問卷就由你主導。

(b) 教其他人如何收集和處理資料，不希望這些事情只有你會。

(c) 不理老闆的要求，誰叫他錄取的人都這麼沒用。

(d) 願意製作問卷，但前提是要由你來主持會議並掌控一切流程。既然要你接下這麻煩差事，總得給你一些權力作為回報。

9. 你最近在工作中感到非常疲憊，身邊同事總是喜歡偷懶。就在你準備辭職的時候，上司跟你說了一個好消息：公司要將你調到不同崗位，而你即將加入的這個團隊成員感情融洽，也都很認真負責。你會如何展開自己的第一步？

(a) 混水摸魚，讓其他人罩你。你也該好好的休息一下了。

(b) 你知道偷懶會造成別人多大的困擾，所以你不會這麼做。而且你會建議主管在月底根據工作表現排序，然後將名單寄給團隊所有人，排名墊底的人就拿不到獎金，除非他們下個月有所改善。

(c) 詢問新團隊是否能與他們合作，大家一起分配任務、列出工作清單，月底再來確認每個人完成的進度。

(d) 負責做需要專業技能的艱鉅工作，但偷偷把好上手的事情交給新實習生去做。大家都不知道你把工作丟給她，反正她只來實習兩個月。

10. 五個多月前，你聘請艾琳來協助經營杯子蛋糕店。每次你到店裡，艾琳都會在櫃台招呼客人，並將每個杯子蛋糕塗上剛剛好的糖霜。有些麵包師傅卻私底下跟你抱怨，只有你在的時候，艾琳才會這樣做。你前腳一走，艾琳馬上就跑到後場休息、舔著勺子上的糖霜。你會怎麼做？

(a) 制止麵包師傅繼續抱怨下去，不要再背後說別的同事閒話。

(b) 立即解僱艾琳。你是請她來工作，不是來吃東西的。然後張貼標語，上面寫著「如果在工作時偷吃，那這就會是你最後一個杯子蛋糕」，明確表示不會容忍這種行為。

(c) 讓工作團隊（包括艾琳）列出各自一天的任務清單。每天下班前回答以下問題：「有沒有幫忙處理別人的工作」和「有沒有觀察到其他人在做不是他們分內工作的事」，持續一週，看看大家是不是因為艾琳偷懶而必須扛下更多工作。

(d) 為了防止有人不勞而獲，你訂定銷售配額，每個人（包括艾琳）每天都必須製作和銷售五十個杯子蛋糕，你會在一個月後回來確認達成度。

11. 你最近晉升管理職，底下有十名部屬，你原本的工作落到最資深的傑西身上。你以前做得出色，而你希望傑西也能延續下去。在新的職位裡，你第一件事會做什麼？

(a) 花時間仔細監督傑西所做的一切，確保他也能做得很好。

(b) 再派一個人監督傑西，這個人能跟你匯報傑西的工作情況。愈多人監督傑西愈好。

(c) 與傑西討論他的長期目標和你的短期需求。他希望從這份工作中得到什麼，而你需要他完成什麼？然後一起安排每週計畫進度。

(d) 積極在自己的上司面前求表現，不去管傑西，因為你相信他只靠自己也能做得很好。

12. 你在渡假飯店工作，由於正值暑期旅遊旺季，所以飯店有一百多名員工，隨時提供池畔飲品和衝浪教學課程。然而，今天下了一場大暴雨，遊客大幅減少，工作人員都閒閒沒事坐在一旁。身為經理，你會：

(a) 想辦法找事給他們做。即使泳池邊的躺椅已經清洗過，卻還是要他們去多洗幾遍。

(b) 召集大家進行顧客服務技能培訓。何不趁這個時候學習一些有用的東西呢？
(c) 讓大家開心享受泳池酒吧、打撲克牌，而你自己跑去享受飯店 SPA 按摩。
(d) 跟員工聊天，打聽他們同事間流傳的八卦（喜歡或討厭的人），自己也分享一些有趣的事情，讓他們更願意對你敞開心扉。

13. 部屬凱特抱怨你太緊迫盯人，她說：「你一小時內就寄了四封信給我，我如果要一直回你信，怎麼有時間完成工作。」你會如何回應？

(a) 告訴凱特，如果她做得夠好，你也不必一小時提醒她四次。
(b) 馬上把凱特換掉，換成一個會尊重你的人。然後第一天就對那個人下馬威，讓他知道凱特為什麼會有這樣的下場。
(c) 和凱特坐下來談一談你對她的期望，了解她完成這些事情需要多少時間。顯然，你們沒有溝通協調好彼此之間的想法。
(d) 尷尬地避免目光接觸，找個藉口將凱特攆出辦公室，避免正面衝突。

14. 你最近被繁重的工作量壓得喘不過氣，不僅要監督十五名直屬部屬的情況，還要負責籌備管理階層的聚會活動。有一名員工凱來到你的辦公室，想幫你分擔一些工作。雖然你不太了解凱，但大家對他的評價都很不錯，主動積極且衝勁十足。他提議要幫你訓練新人，這時候你會怎麼做？

(a) 跟他道謝，然後交給他一份待辦事項清單，包括到乾洗店取衣物、接送你女兒去足球課。因為你正需要一個私人助理。

(b) 委派一些任務給他，像是檢查書面報告是否有語法上的錯誤，但絕不會讓他來主持會議。

(c) 叫他做好自己的事就好！一想到要把權力交給底下的人，你就極度不安。

(d) 請他來培訓新人，每個月固定找個時間跟他討論每個新人的表現。他也曾經歷過新人階段，所以知道要如何給予指導。

15. 你在芝加哥工作，管理二十名部屬。你的上司一天到晚要你做這個做那個，還

派你去新加坡出差兩個星期，回來之後，完全搞不清部屬現在的工作進展。這時候你會有什麼行動？

(a) 你感到驚慌失措，想趕緊重新拿回對部屬的掌控權，讓他們搞清楚誰是老大。

(b) 什麼都不做。對你來說，沒消息就是好消息。大家如果有什麼事情，會主動跟你報告。

(c) 與部屬聯繫，了解每個人的專案進展狀況。已經進入最後確認階段的專案就有必要給予更多指導。

(d) 怪罪上司害你落得這樣的處境。要不是因為他，你也不會如此跟大家脫節。

16. 最近你工作上進度落後，有人抱怨之前交的報告已經在你桌上放了兩個月；還有人不滿每次跟你安排好會議時間，卻在每次開會時你還在忙別的事。他們說得沒錯，你也覺得自己忽視了身邊重要的工作夥伴。你會怎麼做？

(a)下次有人向您尋求建議時，將他們與團隊中能提供幫助的人聯繫起來。這樣他們就能互相幫助，你也能省下許多時間。

(b)呼籲大家少抱怨。你寫了一封又臭又長信件，詳細說明你有多忙，要他們別來打擾你，等你忙完會去找他們。

(c)什麼也不說，但在社群網站上抱怨公司裡盡是只會索求而不願付出的人。

(d)請大家列出優先事項清單，說明哪些事情需要你馬上做決定、哪些事情可以慢慢來，你再照著這個清單來安排工作。

第一部分：分數計算

圈出你每題所選擇的答案，對照左邊欄目，然後將每一欄圈出的答案個數相加。請注意，答案不一定會分屬四個類別，有些答案可能會歸入同一個類別。

題號	敷衍了事的人	經典的混蛋	陰險狡詐的騙子	理想的同事
1	C	A	D	B
2		A	D	B or C
3	C		A or B	D
4		A	B	C or D
5	B	A or D		C
6	A	D	B	C
7		A or C	B	D
8	C	A	D	B
9		A or B	D	C
10	A or D	B		C
11	D	A or B		C
12	C	A	D	B
13	D	A or B		C
14	D	C	A	B
15	B	A or D		C
16		B	C	A or D
滿分	11	15	11	16
得分	＿＿＿＿	＿＿＿＿	＿＿＿＿	＿＿＿＿

・敷衍了事的人

你在職場生存的原則就是不干涉，既不想成為問題，也不想負責解決問題。在職場上遭遇挫折時，你會忍住情緒，幾乎不會直接對抗那些偷你點子、在背後議論你或在主管面前不尊重你的人。身在問題重重的團隊中你也無能為力，讓大家重回正軌並不是你的責任。

身為主管，你認為沒消息就是好消息。大家真有什麼問題，會主動來找你。就算有人向你提出問題，你也會把他們打發走，然後繼續裝作沒事發生。

這種人很有可能變成搞不清楚狀況主管和搭便車者，這兩種類型的麻煩人物都喜歡在困難時期搞失蹤。

・經典的混蛋

你具備了職場惡人的典型特徵。不僅會用造謠抹黑或讓人反目成仇之類的手段來打擊競爭對手，抓住任何能為你帶來競爭優勢的機會，還會控制那些過度依賴你的軟弱主管，要求他們照你的意思行事。

這種人最有可能成為職場惡霸和微觀管理者，這兩種類型的麻煩人物不太會隱藏自己的惡劣行徑，通常大家都能很明顯看出他們就是想要掌控一切。

• 陰險狡詐的騙子

你是手段更加高招的典型職場小人。私底下道人長短、說人壞話，或是利用別人的弱點來達到自己的目的，但往往會是暗中進行，藉此保護自己的聲譽。通常是因為處於競爭相當激烈的環境之中，所以需要藉由這些手段力爭上游。

如果你是主管，大家應該都很怕你，雖然可能不會明說，但從人才流失的速度就能看得出一點端倪。

這種人大多是媚上欺下者、功勞小偷和心理操縱者，這三種類型的麻煩人物超會偽裝，人前一套人後一套。

• 理想的同事

即使處境艱難，你也會嘗試站在他人的角度思考與處理彼此問題。面對衝突時，你不會逃避，儘管很難開得了口，還是會努力想辦法與對方溝通。

你不會把所有事情的主導權緊握在自己手上。如果擔任管理職，也不會讓管理淪為控制。忙不過來時，則會願意接受幫助，讓部屬來告訴你什麼事情需要優先處理。

第二部分：答案詳解

第1題

(a) 標準的媚上欺下行為。你可能只是想讓老闆留下深刻印象，卻會因此樹敵。

(b) 選得好！糾正傑克可能會很尷尬，但至少你把傷害降到最低。

(c) 你可能不想表現出一副自以為是的樣子，但如果別人確實做錯了，一般都會虛心接受指教。

(d) 另一個媚上欺下的例子。背地裡跟老闆打小報告，而不願給予新同事支持和幫助。

第2題

(a) 會顯得你勝負欲太強，實在沒必要這麼做。通常是想透過與他人的比較，來肯定自我或達成某些目的。

(b) 難免會想探聽一下敵情。芮娜應該不會告訴你，但問問也無妨。

(c) 閉口不談在這裡非常合適，不是每個人都喜歡談論和金錢有關的話題。

(d) 犯規！太狡詐了，這是媚上欺下者會做的事情。

第3題

(a) 典型的職場惡霸，強行要別人照自己的意思行事，並想藉此為未來鋪路。

(b) 混合了職場惡霸和媚上欺下兩種類型。這種方式恐怕會讓大家互相比較，助長不必要的競爭氣氛。

(c) 選擇不干涉也是完全沒問題。不過要小心，如果每個人都這樣行事，那就什麼也做不了。

(d) 好策略！既能帶領團隊前進，又不會過於掌控。

第4題

(a) 典型的媚上欺下行為。沒有必要刻意破壞上司對凱文的印象。

(b) 基本上也算是媚上欺下的行為，但又更高明了一些。不過，小心你找的對象，儘管這種策略看似比直接找直屬上司「更安全」，但錫耶納也是有可能跟其他高層主管聯手揭發你抹黑凱文的意圖。

(c) 在這樣的競爭環境中是個好方法。

(d) 不去干預，這也是一種適當的策略。

第5題

(a) 乍看之下很合理，但最好不要預設立場，「功勞給錯人」有很多可能的原因，大家不一定是故意的，可以試著溝通，而不要劈頭就是責怪。

(b) 這種情況也不能毫無作為，持續累積不滿情緒，最終會導致你無心工作。

(c) 這個方法很棒，儘管訴說自己的心聲難免有些彆扭。著重於你對這件事的看法，並聽聽大家的觀點。提供解決方案也有助於防止同樣的事情再度發生。

(d) 並不建議這麼做，你們可能會對於是誰的貢獻而爭論不休，讓下次會議的氣氛陷入尷尬，也無法避免這種問題一再發生。

第6題

(a) 可以等派對結束後再來處理，但也要顧慮莎夏的感受。即使你沒有竊取她的構想，還是要好好談談以消除彼此想法上的分歧。莎夏可能對你沒有太大的影響性，但她還是有辦法損害你的名聲。

(b) 這種做法實在太陰險，只有夠厲害的功勞小偷才辦得到。

(c) 雖然會感到不自在，但這確實是個好主意。記得討論彼此的隱形勞動工作，這些默默承擔的工作內容往往是我們對於功勞分配看法分歧的主要原因。

(d) 與選項 B 一樣，這種策略非常陰險狡詐，也很危險。因為你永遠不知道他們會不會站在莎夏那邊。

第7題

(a) 這種策略很蠻橫無理，仗勢欺人在短期內或許能奏效，但有一天，凱爾也有可能爬到你頭上。

(b) 你懂得如何利用上司。雖然最後能贏來辦公室，但同時也損失了聲譽。

(c) 越級投訴應謹慎行事；從長遠來看，讓兩位領導人變成敵對關係對大家都不是好事。

(d) 好主意！詢問對方的意願，而非直接要求，並提供一些有用的東西作為回報。

第8題

(a) 很高興你願意幫忙，但這是典型的職場惡霸行為。憑藉著別人所沒有的技能，讓團隊對你產生依賴。

(b) 選得好！讓大家熟悉如何處理是好的開始。透過這種方式，你不僅能運用自己的專業知識，之後也不用花太多時間在這上面。

(c)逃避不是辦法。如果工作量已經超出負荷，還是可以拒絕這份工作，但你應該推薦幾個適合的人選。

(d)這完全就是職場惡霸的行為。要你接下這份工作就得給你這麼大的權力，實在太獨斷專橫了。

第9題

(a)這是個壞主意。搭便車行為不該這麼延續下去；別人這樣對你，不代表你就要用這樣的方式再去懲罰新的團隊。

(b)你的觀念正確，但這種方式可能會適得其反。排名只會激勵表現最好和最差的人，如果主管採納了你的建議，讓排名墊底的人拿不到獎金，同事之間的競爭也會變得非常激烈，滋生更多不良行為，大家都會為了獲得更好的排名而不擇手段。

(c)好方法！這就是所謂的「公平性檢查」。

(d)不是正大光明的手段，在「大家都不知情」的情況下把事情丟給別人做，還假裝是自己完成的，這就是典型的搭便車行為。不過要小心，雖然短期內可能不會有人發現，但總有一天會被揭穿。

第10題

(a) 主管態度太過放任，他們可能不會再跟你抱怨，但肯定會對你有所怨言。

(b) 雖然能暫時解決問題，但會營造出不准犯任何錯誤的氛圍，員工可能什麼事都會瞞著你，就算犯了錯也不敢承認。

(c) 沒錯！你馬上就會知道誰在替艾琳承擔責任，有助於直接解決問題。

(d) 乍看之下好像有道理，但因為一個人犯錯就處罰所有人，長久下來可能會累積許多不滿，大大打擊員工士氣。而且不一定能阻止艾琳繼續搭便車，她還是可以找機會用花言巧語說服別人幫她達成她的銷售配額。

第11題

(a) 這種做法就是典型的微觀管理。有時我們會放不下以前的工作，希望接手的人也能做得很好，就有可能求好心切、過度干預。

(b)太多層級的督導管理也容易導致微觀管理。如果這個中間管理者除了監督傑西外無事可做，可能就會因為太閒而雞蛋裡挑骨頭。

(c)就彼此的需求溝通對話，能確保雙方的目標一致，也能讓你們對於工作進度有所共識。

(d)主管這樣又過於放任。只在意自己的前途而棄部屬於不顧，往往會搞不清楚部屬的工作狀況。

第12題

(a)想不到還有什麼事情可以叫部屬做，硬是沒事找事，這就是微觀管理。

(b)很棒的方法，善用時間，又很有創意，有助於他們學習新的技能。

(c)你真有趣！不過說真的，這不是個好主意（尤其是飲酒部分），留待下班後再辦派對狂歡吧。

(d)恐怕不太恰當。別忘了，你和部屬間存在一定的地位差距，就算跟他們聊天，也不一定聽得到真心話。

第13題

(a)這是常見的微觀管理行為。因為凱特批評的口氣太強勢，所以你馬上產生自我防衛反應。面對你的反擊，她可能會憤而離開並築起高牆。相反地，試著清楚說明為什麼你覺得有必要經常提醒她，並詢問她需要什麼幫助才能有效完成工作，從而避免溝通陷入僵局。

(b)非常糟糕的應對方式。不應該因為別人誠實地提出建言就開除他們，而是要讓他們知道如何更恰當地提出批評（請見「什麼都要管大師」一章）。

(c)很好的做法！了解你們的分歧所在，才有辦法解決微觀管理的問題。

(d)逃避不是辦法。躲得了今天、躲不過明天，之後還是會遇到同樣的問題。

第14題

(a)這是剝削部屬，這些跑腿打雜的事情無益於凱的職涯發展。這會讓他天真地以為答應所有要求就能獲得升遷機會，但其實工作表現傑出與否才是關鍵。

(b) 好主意！這些事必須跟工作有關，而且你也會仔細地監督。

(c) 這不是長久之計。優秀管理者必備的領導藝術在於能夠適時接受幫助，如果全部都想自己包辦，總有一天你會撐不下去的。

(d) 這種策略有其風險。如果他是媚上欺下的那種人，那你可能就無法公正客觀地評價新人的工作表現。

第15題

(a) 典型的搞不清楚狀況主管，長時間放任不管，然後又突然介入來展現自己的權力。

(b) 主管這樣太消極被動了。別以為沒人提出問題就是天下太平，大家可能只是不跟你說罷了，因為知道就算說了也無濟於事。

(c) 做得好！在最後確認階段需要最多的關注，知道誰現在最需要幫助，你就能排定處理的優先順序。

(d) 把責任推卸給別人當然很輕鬆，但並不能解決問題。不妨與上司好好溝通，但要注意說話的方式與態度（「什麼都要管大師」和「搞不清楚狀況老闆」這兩個章節有提供一些方法）。

第16題

(a) 好方法！如果這件事值得你花時間幫忙，透過這樣的居中牽線，你的時間就不會完全被時間小偷占據。

(b) 雖然得以一吐為快，但你寫這封信的時間本可以用來審閱報告。這無法從根本解決問題，你還是沒有把時間花在身邊重要的工作夥伴身上。

(c) 在社群網站上抨擊同事絕不是個好點子。根據美國求職網站 CareerBuilders 的調查，約百分之七十的雇主會透過社群網站篩選應徵者，約三分之一的雇主曾因發現其中某些內容而解僱或譴責員工。這麼做有可能讓你丟了工作。

(d) 也是個好方法！你可能毫無頭緒，就讓大家來幫助你重回正軌。

測驗（二）
我是職場上的神隊友嗎？

大多數人都遇過職場混蛋，或許你不一定是受害者，也有可能是旁觀者。藉由評估看到身邊同事遭遇麻煩時的反應，看看自己算不算是職場神隊友，如果不是，也可以分析一下自己是哪種不靠譜的同事：宣揚美德者、戲劇性救世主、還是冷眼旁觀者。

和前一個測驗一樣，這個測驗分為兩個部分。第一部分會先請各位回答十個問題，最後會有計分表，以及這四種類型的說明。第二部分則是答案詳解，我會進一步解釋我設計每個答案的邏輯。

我也很喜歡請別人以我的角度來回答這些題目，大家認為我是什麼樣的隊友，他們的回答跟我對自己的看法一致嗎？會不會有人覺得我是神隊友，也有人覺得我是冷眼旁觀者？透過他人來認識自己在職場上的不同面向吧。

那就馬上開始吧！

1. 你的主管最近忙得焦頭爛額，所以她將與新進員工進行一對一會議的工作交給一位資深的同事史蒂夫。然而，史蒂夫也有陰暗的一面，他為了成功可以不擇手段，如果對哪個新人看不順眼，就有可能會跟主管亂說他們的壞話。你和史蒂夫互不妨礙，他也沒有直接惹到你。你會有什麼行動？

(a) 無視史蒂夫和新人之間的紛紛擾擾，這不關你的事。

(b) 在公司內部溝通平台上講述這個問題。不指名道姓也不談太多細節，但表明你會支持遭到職場霸凌的受害者。

(c) 私下向主管表達你的擔憂，讓他知道你還是新人時，能直接跟主管溝通對你的幫助有多大，即使每週只有十五分鐘也好。

(d) 警告史蒂夫如果敢亂來，你就會公布他去年萬聖節派對的糗照。

2. 你是一家冰淇淋公司的經理，帶領一個十二人的團隊，負責開發新口味冰淇淋。大約在工作一個月後，新進成員孟娜跟你抱怨說，香草雞尾酒軟糖的點子是她想出來的，卻被泰勒（資深團隊成員）據為己有。然而泰勒對這一指控嗤之以鼻，聲稱孟娜只提出「香草」的部分，這個口味的其餘原素都是他自行補充的。這時你會怎麼回應？

(a) 與泰勒、孟娜和團隊其他成員坐下來討論貢獻的重要性。顯然團隊在溝通上出了點問題，他們可能需要採用更正式的流程來記錄誰做了什麼。

(b) 要他們別吵了，現在可沒時間讓他們爭論不休。

(c) 寄一封信給團隊所有人，長篇大論相互支持和重視協作有多麼重要，每位成員應犧牲小我來成就團隊的大我！

(d) 召開團隊會議，責備泰勒欺負後輩。他已經在這個團隊待了很久，應該要更明事理。

3. 最近在會議上，同事湯姆總是滔滔不絕，雖然有十個人參與會議，但幾乎有大半時間都是他在發言，而且他講的內容大多與議程無關，大家似乎也都沒辦法打斷他。你會怎麼做？

(a) 打斷湯姆，說你已經聽膩他講話，其他人肯定也是。
(b) 不做什麼，忍一下會議很快就結束了。
(c) 先按兵不動，會議結束後再找幾個人一起制定計畫，想想下次湯姆又講到停不下來時，可以如何互相幫忙，讓大家都有機會發言。
(d) 舉行溝通大會，讓大家能聚在一起討論自己對於湯姆這種行為的感受。

4. 你所在的公司想挖角孫敏，她是業內頂尖分析師。孫敏實在太厲害了，所以你們公司願意用高薪把她從競爭對手處挖來。你認為最佳策略為何？

(a) 想盡辦法挖角她，不管她接下來表現如何都沒關係，只要她不要到其他競爭對手公司任職就好。

(b) 招聘她並採取一些措施，每六個月評估一次她的表現。如果她不願接受公司的定期考核，那就要特別注意了。

(c) 聘請她，然後讓她加入幹勁十足的團隊，要求她和其他人一樣積極努力。如果她沒有做到，你就在團隊面前教訓她。

(d) 聘請她後，讓她成為「品牌大使」，她也不必做什麼工作，只需負責門面擔當的角色，樹立起公司的專業形象。

5. 由於專案期限逼近，你們團隊開會時總是一團混亂。五個人圍坐在桌子旁，盡可能地拋出想法，一個人負責在前方白板寫下這些內容。上次會議結束後，同事史丹找你訴苦，說他提出許多好點子，卻都沒有被寫在白板上。為避免這樣的情況再次發生，你會：

(a) 建議每二十分鐘暫停一下，將目前產生的想法和提案人記錄下來。每次會議都由不同人輪流負責彙整，才不會造成某些人負擔加重。

(b) 下次會議一開始就先請大家多多關注史丹，他感覺自己的想法不受重視。

(c) 告訴史丹，如果他希望自己的意見能被聽到，就要為自己挺身而出。他的想法有沒有出現在白板上並不是你的責任。

(d) 這個問題並不急迫，暫時放著不要緊，留待下次公司聚會再來談談「讓所有意見都能得到重視」的重要性。

6. 鮑伯跟你是不同團隊。有天，他因為新實習生溫妮把事情搞砸了，導致他在眾人面前難堪。後來你發現溫妮躲在洗手間偷哭，因為鮑伯把一堆工作都丟給她，讓她不堪負荷。此時你會有什麼行動？

(a) 裝作沒看到，你討厭職場的戲劇性衝突。

(b) 給溫妮一個大大的擁抱，提議下班後帶她去喝酒。你很願意陪伴在一旁給予安慰，但你沒有干涉的打算。鮑伯的實習生就該給他處理。

(c) 把鮑伯拉到一旁，問他為什麼要把自己負責工作丟給溫妮，如果他覺得目前的工作負荷過重，你可以幫他跟團隊討論該怎麼改善，而不是讓溫妮來收拾他的爛攤子。

(d) 讓溫妮參與下一次團隊會議並請她訴說她的遭遇，同時在她身邊給予滿滿的鼓勵和支持。

7. 馬歇爾是你在公司的好朋友。雖然你們分屬不同主管，但你們還是會經常互相尋求建議。然而，最近馬歇爾變得非常孤僻，你去到他辦公室想看看他是否一切順利，無意中聽到馬歇爾跟他主管的談話，主管說他們所做的事皆須「保密」，如果他透露出去，他們倆的職涯都將毀於一旦。你覺得事有蹊蹺，這時候你會如何處理？

(a) 告訴馬歇爾你希望能像以前一樣常聯絡，而且你很擔心他目前的狀態。不勉強他告訴你發生了什麼事情，而是準備一份名單給他，請他可以跟這些值得信任的人討論感受。

(b) 安安靜靜地溜走，回到你的辦公室。這顯然是他們的私密談話。

(c) 馬上寄信給你的直屬主管和高階主管，表達你對馬歇爾的擔憂，告訴他們你聽到的一切。

(d) 成立「反對職場孤立和虐待行為」同好會，邀請馬歇爾加入。如果他願意，可以請他分享自己的故事。

8. 同事芬恩似乎快被逼瘋了，他的直屬主管常常前一刻剛交代完事情，下一秒就來關心進度。芬恩的工作時間比其他人長，但他很多工作到了截止日期都還交不出去。他向你請教如何與控制狂主管打交道。你會給他什麼建議？

(a) 要他躲起來。關掉辦公室的燈假裝不在，主管應該就會轉向其他目標。

(b) 建議他找主管聊聊。面對控制狂主管，比較好的策略是就以大局為目標展開對話，不僅要分享自己的目標，也要聽聽主管的目標，彼此做事的步調才會愈來愈趨於一致。

(c) 叫他不要委曲求全。即使主管可能不會理會，也要明確表達自己的感受。

(d) 向高層報告之前，先問問他主管的其他部屬，了解這個問題的嚴重程度。

9. 摩根是五個月前與你同期進公司的同事，但你們分屬不同主管。你的主管會適時給予指導與培訓，但摩根的主管幾乎不曾關心他的狀況。自入職以來，摩根只見過主管一次，當他在工作上遇到的困難時只能自己想辦法。面對摩根的求助，你會如何回應？

(a) 給摩根一些建議，希望能幫助他獲得更多關注。可以先從比較小的事情開始，接下來兩週安排一次與主管的三十分鐘會議，請他準備好需要協助的幾個問題（不超過三個），以免主管因為壓力太大而變得更加逃避。

(b) 不給摩根的建議，而是直接詢問你的主管是否能把摩根調到你們團隊。

(c) 購買幾本職場自救書送給摩根，拍下他閱讀這些書的照片，然後發文分享到社群，並加上許多巧妙的主題標籤，大力讚賞摩根的努力。

(d) 你也無法改變什麼。如果是你碰到這種主管，應該會考慮換工作。

10. 你與主管一起工作了好幾年，你們的關係很好。因為他很用心帶你，所以你晉升很快。但隨著消息傳開，大家都知道他是願意傾囊相授的好主管，爭相來請他幫忙或尋求建議，最近他大部分時間都在幫助這些人，忙得不可開交，沒有多餘心力照顧自己團隊的人。新同事簡跟你抱怨說她都沒有主管適時從旁指導。你會如何處理？

(a) 在社群軟體上讚美主管多麼熱心又無私，並且標記主管，但卻私底下偷偷抱怨。

(b) 詢問主管是否需要幫忙回應那些不請自來的人，這樣主管就能騰出時間多關照簡，你也能接觸到各式各樣的人並提升管理技能。

(c) 直接去找那些不斷騷擾你主管的人，要他們別再來找麻煩。你相信主管心裡也會非常感謝你的。

(d)主管想怎麼做是他的決定，叫簡自己看著辦。

第一部分：分數計算

圈出你每題所選擇的答案，對照下一頁欄目，然後將每一欄圈出的答案個數相加。

題號	宣揚美德者	戲劇性救世主	冷眼旁觀者	神隊友
1	B	D	A	C
2	C	D	B	A
3	D	A	B	C
4	D	C	A	B
5	D	B	C	A
6	B	D	A	C
7	D	C	B	A
8	C	D	A	B
9	C	B	D	A
10	A	C	D	B
滿分	10	10	10	10
得分	______	______	______	______

・宣揚美德者

你會在公司聚會上發表演說，或是在社群網站上發文力挺對方，雖然這些行為看似有幫助，實則無法真正改變現狀。比起實質性幫助，你更喜歡公開聲明支持，尤其是在推崇友善支持的職場環境。

或許你可能親眼目睹了某些不當行為，但你會別過頭裝作沒看到。因為蹚進這渾水裡對你來說並不值得，還有可能造成你自己社會資本的損失。儘管你總是公開表示支持，讓公司新人誤以為你私下也會支持他們，但其實你並無此意，說實在就是個危險的假面盟友。

・戲劇性救世主

你有副好心腸，不過救援手段太過戲劇化。即使在公共場合也會毫不猶豫地介入，為受害者仗義執言，嚴厲譴責不當行為，把加害者羞辱得無地自容。

雖然我們都想看惡人嘗到苦果的模樣，但你的方法有時候反而會助長衝突。有些受害者還沒有準備好敞開心扉，卻被你趕鴨子上架；有些則是還不確定自己立場，他們會感謝你見義勇為，卻有可能因此受到孤立，最後導致他們在職場上只有你一個朋友。

• 冷眼旁觀者

在你看來，既然不是你遇到的問題，那就沒必要去插手。你是自己慢慢摸索出怎麼與討厭的人相處共事，其他人應該也做得到。你會縱容團隊中的搭便車者和職場惡霸利用同事；反正嚴重到一定程度，會有其他人介入幫忙。目睹有人被欺負時，你可能會提供一點建議，但不太會幫他們發聲。

也許是因為你在職場上也還沒站穩腳步，不想給自己惹麻煩，或是因為工作忙到分身乏術，所以選擇對旁人的困境冷眼旁觀。

• 神隊友

看到同事有難，會適時出手協調和提供建議，幫助受害者拓展人際網絡，結識更多能給予他們協助和保護的人。你知道當眾斥責會讓人面子掛不住，衝突可能不減反增，所以不會大肆宣揚、公開表態支持受害者，而是會透過會議，找相關人士一起誠實、敞開心扉地進行溝通。

你應該會是公司有名的和事佬，同事間一有爭執，就會想到找你解決。上司也喜歡有你在身邊，因為你總是能巧妙地化解緊張的人際關係，達到皆大歡喜。如果你還只是一般員工，應該也很快就能升上管理階層。

第二部分：答案詳解

第1題

(a) 雖然現在與你無關，但無法保證史蒂夫將來不會用同樣的手段對付你。

(b) 這不是個好主意，沒有人會想要解決問題，而是紛紛猜測你所指何人。

(c) 因為這件事情與你無關，所以不便過度插手干涉。帶透過這個方法既能向主管提出自己的疑慮，又不用說史蒂夫的壞話。不錯的選擇！

(d) 恐嚇通常無法改變人們的行為。一旦用來威脅的東西消失，不良行為就會再次出現。所以史蒂夫的糗照威懾力應該撐不了多久。

第2題

(a) 很棒的方法！偷別人點子的指控在職場中很常見；把記錄貢獻的做法訂下來，之後就省事多了。

(b) 難免會想讓底下的人自行處理這些課題，但這種策略只有在團隊能處理得當的情況下才有效。在這種情境下，泰勒可能還是會因為比較資深而獲得功勞，團隊顯然還是需要一些指導。

(c) 看似很關心這件事，其實對於問題的解決無濟於事。

(d) 之後團隊若有新的項目討論時，泰勒可能會雙手抱胸，不願提出任何意見。因為公開責備的做法通常會導致對方不再積極投入工作。

第3題

(a) 這種嚴厲的做法可能讓湯姆馬上閉嘴，但也（不經意間）讓其他與會者降低發言的意願，以免遭你羞辱。有你在的時候時，新同事和那些覺得自己沒有發言權的人更加不敢提出想法。

(b) 是沒錯，但如果以後還是讓湯姆主導會議，只會繼續浪費時間。

(c) 這種方法能在不讓湯姆出醜的情況下停止其發言，也能鼓勵更多人提出自己的想法，一舉改善兩個問題。

(d) 通常是廣泛存在於職場上的問題才需要舉行溝通大會，若只因一個討人厭的行為就這麼做，實在有點大費周章。

第4題

(a) 這種策略乍聽之下還不賴，但可能會適得其反。若沒有適當的考核機制，孫敏入職之後很難保持積極心態。

(b) 好主意。讓孫敏一直頂著光環十分危險，還是要採取一些措施來確保孫敏能達到該有的工作表現。如果她不接受考核，你們也能有所準備。

(c) 孫敏的加入，可能也會讓團隊繃緊神經，而且他們應該會互相激勵，而不是彼此陷害。

(d) 這是標準宣揚美德者會做的事，你想讓所有人知道孫敏有本事！但大家可能更想看看她會如何發揮本事。

第5題

(a) 會議的過程中發生混亂有時無可避免，這種策略能讓大家放慢腳步，確保眾人在目前的議題上有共同認知。像史丹這樣比較內向的人也能趁此機會分享他們的感受。團隊也能重新思考怎麼讓所有人的發言都能被聽見。

(b) 可憐的史丹！你當眾把這件事說出來，會讓他感到很難為情，結果就更不敢提出意見了。

(c) 很多人不好意思打斷別人發言，所以遲遲找不到說話時機。這種策略對於不善言詞且內向害羞的人並不適用。

(d) 等到下次聚會才來討論就太遲了，而且專門討論這個議題似乎只有空談而無實際的行動。

第6題

(a) 可以理解你為何想這麼做，但其實可以藉由這個機會了解鮑伯遇到了什麼樣的難題，為什麼會把工作丟給實習生。放任這種行為繼續下去，可能不只影響溫妮，也會連帶把整個團隊拖下水。

(b) 你的行為會讓溫妮誤以為你支持她，但這對她的處境並不是好事。她需要真正會伸出援手，而不是假裝關心的人。

(c) 與鮑伯私下交談是正確的作法。他會把自己的工作推給別人做可能是出於私人因素，不便與整個團隊討論。不帶批判地針對那些原因去找尋解決方法，也能避免鮑伯急於為自己辯護。

(d) 溫妮只是公司的實習生，要她在大家面前說主管的不是，她很可能會因為壓力太大而選擇辭職。

第7題

(a) 這種需要小心處理的問題很適合運用這樣的方法。關心馬歇爾，但沒有強迫他敞開心扉，而且馬歇爾現在可能思緒混亂，想尋求幫助卻不知從何著手，你這麼做真是幫了他大忙。

(b) 雖然馬歇爾的主管說要保密，但事情感覺很可疑，最好還是要小心謹慎地跟馬歇爾談談。就算是你誤解了，也不會造成任何傷害。

(c) 建議先緩一緩，不要急著跟公司高層報告。如果馬歇爾真的被操縱做不道德的事情，那你會需要挖掘更多事實真相，同時也要採取措施保護馬歇爾。

(d) 這種方法除了讓公司更多人知道有這個問題以外，幾乎沒有其他作用。而且，馬歇爾可能還沒看清楚事情的真相，不覺得自己是受害者，那麼他也不會加入同好會，更不用說和一群同事討論。

第8題

(a) 這樣一直躲著也不是辦法，芬恩都不用吃飯或上廁所嗎？

(b) 這種主管大家都是避之唯恐不及，但你建議對方與主管溝通，做得好！微觀管理的問題通常是雙方對於工作的認知不同，需要藉由溝通來相互理解。

(c) 可以理解你想砲轟主管的衝動，但這不太可能改變他們的行為。情緒化的言詞只會讓對方產生更多的抗拒及辯解，既無助於溝通，更無法解決問題。

(d) 你沒有立場這麼做。芬恩可能並不想讓身邊同事知道這些事，誰知道會不會有人直接去跟主管打小報告。必須由芬恩直接開口，而不是透過八卦流言輾轉傳到主管耳中。

第9題

(a) 很好的建議。很多人會想馬上跟主管約到開會時間，但摩根如果提出未來兩週能安排到時間就好，更有可能得到主管回應。對忙碌的主管來說，當週的工作已經排滿，根本沒時間處理我們的「緊急狀況」。

(b) 職務調動通常由上級策劃，你和摩根是同個層級，這樣的舉動真的很奇怪。如果你希望摩根來你們團隊，應該先跟他談談，搞不好他也沒有這個意願。

(c) 送他書是很好沒錯，但他最好還是勇敢面對並處理自己碰到的難題。

(d) 這種消極的想法只會讓摩根感到更加無助。摩根應該先嘗試溝通，而不是直接放棄。

第10題

(a) 現在很多人網路上的形象往往與他們的真實形象有一定的差距，職場上最害怕遇到這種人。

(b) 這種方法能為主管節省許多時間，同時能為自己累積經驗，實在超棒的！

(c) 你應該先問問主管的意願，而不是擅作主張當他的保鑣。他可能也很樂於指導他們，你無權干涉。

(d) 儘管你經驗豐富，知道如何與主管合作，但卻不願意分享。簡很快就會去尋找其他盟友。

高寶書版集團
gobooks.com.tw

新視野 NewWindow256

累死你的不是工作，是有毒同事：
不當炮灰不通靈，拒絕忍者過勞、遠離辦公室戲精的職場求生術
Jerks at Work: Toxic Coworkers and What to Do About Them

作　　者　泰莎・韋斯特 Tessa West
譯　　者　馮郁庭
主　　編　吳珮旻
編　　輯　鄭淇丰
封面設計　林政嘉
內頁排版　賴姵均
企　　劃　何嘉雯
版　　權　張莎凌、劉昱昕

發 行 人　朱凱蕾
出　　版　英屬維京群島商高寶國際有限公司台灣分公司
　　　　　GlobalGroupHoldings,Ltd.
地　　址　台北市內湖區洲子街 88 號 3 樓
網　　址　gobooks.com.tw
電　　話　(02)27992788
電　　郵　readers@gobooks.com.tw（讀者服務部）
傳　　真　出版部 (02)27990909　行銷部 (02)27993088
郵政劃撥　19394552
戶　　名　英屬維京群島商高寶國際有限公司台灣分公司
發　　行　英屬維京群島商高寶國際有限公司台灣分公司
初版日期　2023 年 02 月

This edition published by arrangement with Portfolio, an imprint of Penguin Publishing Group, a division of Penguin Random House LLC, through Andrew Nurnberg Associates International Ltd.

國家圖書館出版品預行編目（CIP）資料

累死你的不是工作，是有毒同事：不當炮灰不通靈，拒絕忍者過勞、遠離辦公室戲精的職場求生術 / 泰莎．韋斯特 (Tessa West) 著；馮郁庭譯．-- 初版．-- 臺北市：英屬維京群島商高寶國際有限公司臺灣分公司，2023.02
　面；　公分．--(新視野 256)

譯自 :Jerks at work : toxic coworkers and what to do about them

ISBN 978-986-506-647-5(平裝)

1.CST: 職場成功法　2.CST: 工作心理學　3.CST: 人際關係

494.35　　1120004685